食品检验检测的方法与技术研究

汤佩芬 著

吉林科学技术出版社

图书在版编目（CIP）数据

食品检验检测的方法与技术研究 / 汤佩芬著 . -- 长春：吉林科学技术出版社，2022.11

ISBN 978-7-5578-9859-5

Ⅰ．①食… Ⅱ．①汤… Ⅲ．①食品检验—研究 Ⅳ．① TS207.3

中国版本图书馆 CIP 数据核字（2022）第 201508 号

食品检验检测的方法与技术研究

著	汤佩芬
出 版 人	宛 霞
责任编辑	杨超然
封面设计	树人教育
制 版	树人教育
幅面尺寸	185mm×260mm
字 数	270 千字
印 张	12.25
印 数	1-1500 册
版 次	2022年11月第1版
印 次	2023年3月第1次印刷

出 版	吉林科学技术出版社
发 行	吉林科学技术出版社
地 址	长春市福祉大路5788号
邮 编	130118
发行部电话/传真	0431-81629529 81629530 81629531
	81629532 81629533 81629534
储运部电话	0431-86059116
编辑部电话	0431-81629518
印 刷	三河市嵩川印刷有限公司

书 号	ISBN 978-7-5578-9859-5
定 价	75.00元

前　言

随着生活水平的不断提高，人们对高品质生活的要求也越来越高，对食品的要求也越来越高，所以食品安全问题就显得尤为重要。食品是维持人生命体征最重要的东西，食品对于每个人来说都是不可缺少的物资。但是现在很多不法商贩为了谋求一己私利对一些有害食品进行销售，从不考虑有害食品流入市场会对社会造成的重大影响，而且食品的好坏严重影响着社会上所有人的健康状态。另外，我国还有很大一部分食品远销海外，所以对食品安全进行强有力的检测，不仅是对我国人民的健康负责，还是对我国出口贸易的品质负责，从而促进国家向更好发展。

随着近几年食品安全问题的不断发生，人们也越来越重视食品安全问题，不管是食品的原材料加工，还是食品的最后包装，人们都普遍关注。如果不能及时检查出食品存在的安全问题，就有可能危害人们的身体健康，甚至威胁生命，当安全问题发生时，对老人和小孩的危害是最为严重的。怎样确保食品的安全是有关部门亟须解决的一个难题。食品安全监测是食品进入市场的最后一道程序，怎样在这道程序中把有问题的食品全部阻拦下来，需要检测技术的不断完善、进步。本书就食品安全检测技术这一话题进行探讨，对检测技术的操作要求和提升办法提出几点建议，以供参考。

目前，虽然我国的食品安全检验检测技术使用范围广，但是严重缺少相关部门的有效监督，没有真正发挥食品安全检验检测技术在食品行业的作用，造成一些食品安全问题的爆发。全国范围内检验检测技术的发展程度不一致，检测水平高低不一，这些因素都大大提高了有害食品进入市场的可能性。以国家食品安全标准为依据，努力提高食品安全检验检测技术水平，对品质优良的产品进行保护，对有害产品进行严厉打击，保障人民的食品安全，是发展检测技术的初衷与目的。

笔者在撰写本书的过程中，借鉴了许多前人的研究成果，在此表示衷心的感谢。由于食品检验技术涉及的范畴比较广，需要探索的层面比较深，笔者在撰写的过程中难免会存在一定的不足，对一些相关问题的研究不透彻，提出的食品质量管理方法也有一定的局限性，恳请前辈、同行以及广大读者斧正。

目 录

第一章 食品检验与分析的内容、制度及程序

第一节 食品检验工作内容及基本条件

一、食品检验工作的内容

食品检验工作是食品质量管理过程中的一个重要环节，在原材料质量方面起着保障作用，在生产过程中起着监控作用，在最终产品检验方面起着监督和标示作用。食品分析与检验贯穿于产品研发、生产和销售的全过程。

（1）根据制定的技术标准，运用现代科学技术手段和检测手段，对食品生产的原辅料、中间品、包装材料及成品进行分析与检验，从而对食品的品质、营养、安全与卫生进行评定，保证食品质量符合食品标准的要求。

（2）对食品生产工艺参数、工艺流程进行监控，确定工艺参数、工艺要求，掌握生产情况，以确保食品的质量，从而了解与控制生产工艺过程。

（3）为食品生产企业进行成本核算、制订生产计划提供基本数据。

（4）开发新的食品资源，提高食品质量以及寻找食品的污染来源，使消费者放心获得美味可口、营养丰富和经济卫生的食品[1]。

（5）检验机构根据政府质量监督行政部门的要求，对生产企业的产品或上市的商品进行检验，为政府管理部门对食品品质进行宏观监控提供依据。

（6）当发生产品质量纠纷时，第三方检验机构根据解决纠纷的有关机构（包括法院、仲裁委员会、质量管理行政部门及民间调节组织等）的委托，对有争议的产品做出仲裁检验，为有关机构解决产品质量纠纷提供技术依据。

（7）在进出口贸易中，根据国际标准、国家标准和合同规定，对进出口食品进行检测，保证进出口食品的质量，维护国家出口信誉。

（8）当发生食物中毒等食品安全事件时，检验机构对残留食物做出仲裁检验，为事件的调查解决提供技术依据。

1　赵继超.食品检验检测的质量控制及细节问题研究[J].商品与质量,2020,29(36):182.

二、食品检验工作的基本条件

《加强食品质量安全监督管理工作实施意见》规定："检验人员必须掌握与食品生产加工有关的法律基础知识和食品检验的基本知识和技能。"

食品检验人员包括质检机构从事食品质量检验的检验人员和对检验结果进行审核的审核人员，以及食品生产企业从事出厂检验的检验人员和检验部门负责人。

食品质量检验岗位专业性非常突出，责任也非常重大，不仅要对企业负责，同时还要对消费者负责。从事食品质量检验的人员，应该熟悉食品质量检验基础知识，熟悉食品质量技术法规，掌握质量检验基本技能。从事食品质量检验结果审核的人员，不仅要熟悉质量检验基础知识，熟悉食品质量技术法规，掌握质量检验基本技能，还要熟悉食品生产基础知识以及关键工艺基本流程。没有以上的知识基础做支撑，很难胜任食品质量检验工作，难以保证检验结果的科学性和准确性。

第二节　食品标准与法规

一、我国食品标准

根据《中华人民共和国标准化法》的规定，我国的标准按效力或标准的权限，可以分为国家标准、行业标准、地方标准和企业标准。食品领域内需要在全国范围内统一的食品技术要求，可确定为食品国家标准；没有国家标准，但需要在全国某个食品行业范围内统一的技术要求，可确定为食品行业标准。国家标准由国务院标准化行政主管部门制定；行业标准由国务院有关行政主管部门制定；地方标准由省、自治区和直辖市标准化行政主管部门制定；企业标准由企业本身制定。对食品标准层级的确定，食品国家标准和食品行业标准的侧重不同，如国家标准侧重环境、安全、基础、通用的技术内容，而行业标准侧重产品的技术内容。从标准的法律级别上来讲，国家标准高于行业标准，行业标准高于地方标准，地方标准高于企业标准。但标准的内容却不一定与级别一致，一般来讲，企业标准的某些技术指标应严于地方标准、行业标准和国家标准。

按标准的属性划分，食品标准可分为强制性食品标准、推荐性食品标准和指导性技术文件。强制性标准包括食品安全质量标准（如食品中农药残留限量、兽药残留限量等），食品安全性毒理学评价要求和方法，食品添加剂产品及使用要求标准，食品接触材料卫生要求，食品标签、标识标准，婴幼儿食品产品标准，国家需要控制管理的重要产品标准等。其他为推荐性食品标准。国家强制性标准的代号是"GB"，国家推荐性标准的代号是"GB/T"。标准的内容划分，食品标准包括食品基础标准、食品安全限量标准、食品通用的试验及检测技术标准、食品通用的管理技术标准、食品标识标签标准等。

（一）食品安全限量标准

食品安全限量标准规定了食品中存在的有毒有害物质人体可接受的最高水平，其目的是将有毒有害物质限制在安全阈值内，保证食用安全性。主要包括农药最大残留限量标准、兽药最大残留限量标准、污染物限量标准、生物毒素限量标准、有害微生物限量标准等。

（二）食品添加剂使用标准

GB2760—2011《食品安全国家标准食品添加剂使用标准》于2011年6月20日实施，是我国现行的强制性添加剂使用标准。标准规定了食品添加剂的使用原则、允许使用的品种、使用范围及最大使用量或残留量。要求食品添加剂的使用不得对消费者产生急性或潜在危害；不得掩盖食品本身或加工过程中的质量缺陷；不得有助于食品假冒；不得降低食品本身的营养价值。目前我国已经批准的食品添加剂包括23大类2000多个品种。食品添加剂标准主要有产品标准、食品卫生标准、检测技术标准等。

（三）食品安全控制与管理标准

食品安全控制与管理标准主要包括食品安全管理体系、食品企业通用良好操作规范（GMP）、良好农业规范（GAP）、良好卫生规范（GHP）、危害分析和关键控制点（HACCP）体系等。食品安全控制与管理标准作为食品行业的指导性标准，在食品安全控制领域和认证方面已经得到国内外的普遍认可，并对食品安全改进起着基础性的作用，同时为政府主管部门对食品加工企业的监督和管理提供科学全面的法律依据。

（四）食品检测技术标准

食品检验检测方法标准涉及的感官指标有外观、色泽、香气、滋味、风味、形态、颜色等；理化指标有水分、密度、灰分、蛋白质、脂肪、总糖、还原糖、粗纤维、氨基酸、淀粉、蔗糖、酸度、维生素等以及食品添加剂、各类食品的特征性指标；涉及卫生标准理化指标和微生物要求的有铅、总砷及无机砷、铜、锌、镉、总汞及有机汞、氟、有机磷农药残留、黄曲霉毒素、菌落总数、大肠菌群、沙门菌、致病菌等。

（五）食品包装材料与容器卫生标准

目前我国已制定塑料、橡胶、涂料、金属、纸等69项食品容器和包装材料的法规，涉及5类国家食品卫生标准和7类检测技术，如GB17374—2008《食用植物油销售包装》，GB/T2681—2014《食品工业用不锈钢薄壁容器》，GB9683—1988《复合食品包装袋卫生标准》,GB4803—1994《食品容器、包装材料用聚氯乙烯树脂卫生标准》,GB7718—2011《预包装食品标签通则》等。

二、我国食品法规

(一)我国食品法律法规的改进

为了人们的切身利益,为了国家的长治久安,我们应从以下几方面入手,完善我国的食品安全标准与法律法规。

1. 健全食品安全立法体系和食品安全标准体系

全国人大常委会和国务院发布的《产品质量法》《食品安全法》《标准化法》《进出口商品检验法》《转基因农业生物技术安全条例》等,从法律层面上构成了我国食品质量安全法律体系的核心。

同时全面清理整合现行食品标准,加快解决标准缺失、交叉重复、标准矛盾等问题。要以食品安全标准为重点,组织有关专业人员加快食品标准的制定与修改步伐,加快标准更新率,建议将食品标准的"标龄"由平均12年降到平均5年左右,还要逐渐加快我国的食品标准体系与国际接轨。目前我国加工食品标准采用国际食品法典委员会标准的只有12%,采用国际标准化组织食品技术委员会标准的也只有40%,采用国际制酪业联合会标准的只有5%。所以我们应加快食品安全标准的国际化进程,形成较为完备的科学、统一、权威的食品安全标准体系。

2. 大力开展食品安全标准及其法律法规的宣传教育

食品安全标准能否贯彻落实,宣传是非常重要的。宣传食品安全标准及法律法规是一种社会责任,也是一种社会义务。一些食品生产销售企业,道德缺失,食品安全标准意识差,法制意识淡薄,甚至无视食品安全法律法规的存在,生产销售危害消费者身体健康甚至危及生命的食品,虽说时有新闻媒体曝光,起到一定的法制教育作用,但这种教育作用影响有限,侥幸心理与唯利是图的贪心终会战胜残存的法制意念。因此对食品生产销售者的食品安全标准及法制教育要普及,重在常态,而不是等出了问题再教育。作为食品消费群体——大众,对他们的普法教育更是势在必行。

3. 强化监管力度和执法力度

想要避免食品安全事件的发生,必须加强食品安全监督检查,严厉打击不法行为,强化检查监管的力度。要想从源头杜绝食品卫生安全问题的产生,执法部门应借鉴国外做法,加大监管监督力度,从被动执法转变为主动执法。为了更有效地规范食品行业,执法部门应采取定期检查、不定期抽查、民间走访等多种途径,发现一个制裁一个,而且要严惩,不是简单的罚款、警告批评了事的。对那些执法不力者,尤其是包庇不法生产销售者的执法人员,也应从法律上予以规范,对此建议再次立法或修改食品安全法律法规时，将执法不力者受严惩的规定明确写入法律法规。

4. 强化食品安全标准基础性研究，加强标准专业人才队伍建设

加强基础性研究是一项任重道远的工作。近年来随着食品安全事件的频繁发生，食品安全和质量问题备受人们关注，因此食品安全标准的基础性研究工作被高度重视，要及时了解产品动态，填补食品标准空白，让标准更具科学性、可操作性、适用性和合理性，以确保产品质量的安全与保证。

而食品安全标准的制定工作是一项既专业又复杂的艰巨任务，需要相关的专业人士来完成，而这种集标准、法律、食品工艺、原料等专业于一身的人才又相对匮乏。因此，从国家到地方，必须高度重视标准专业人才队伍的建设和储备。采取多种形式对有关人员进行专业培训，不断充实标准专业人才队伍。尤其是要不断与国际标准接轨，积极开展食品安全标准的国际交流，结合我国现状，取其精华，为我所用，促进我国食品标准的国际化发展。

随着食品安全问题的不断涌现，中国的食品安全标准与法律法规体系仍在逐步完善中。要形成覆盖全面、行之有效的食品标准体系与监管体系，我们仍需努力。食品安全没有零风险，消费者不能零容忍。国家只有强化立法，健全食品安全标准体系，加强监管力度与惩戒措施，深化食品安全标准的宣传与普及，使官、商、民都能自觉遵从法律规定，以诚信为本，依法为民、合法经营、自主监督，相信中国的社会诚信体系会逐步建立并发展起来，中国的食品安全问题也会逐渐解决。

（二）我国食品法律法规的获取途径

（1）政府网站——全国人大法律法规数据库。

（2）卫生部——食品安全与卫生监督司。

（3）农业部——农业部规章。

（4）质检总局网站。

（5）各省市自治区的质量技术监督局及出入境检验检疫局。

（6）商业参考网站：食品伙伴网、我要找标准、中华食品信息网等。

（7）购买现行出版的标准单行本和合订本。

三、国际食品法律法规

国际上，各国对食品质量安全法律法规的建设也非常重视，各国均有和本国国情相对应的相关食品法律法规，并不断进行修订和完善。

《食品、药品和化妆品法》是美国100多部与食品安全相关的法律中最重要的一部法律，另有《公共健康服务法》《食品质量保障法》等法律法规一起构成较为严格的食品安全体系。美国推行民间标准优先的标准化政策，现有食品安全标准600多种，典

型的且目前被我国等同采用的标准有"良好生产规范""危害分析和关键控制点"等。

加拿大采用的是分级管理、相互合作、广泛参与的食品安全管理模式，有全球盛名的、完整的食品安全保障系统。在加拿大，食品安全被视为是每个人的责任。与食品安全有关的法律法规主要有《食品药品法》《加拿大农业产品法》《消费品包装和标识法》等。

欧盟的食品质量安全控制体系被公认为是最完善的食品质量安全控制体系，它是一系列以"食品安全白皮书"为核心的法律、法令、指令并存的架构。

各国的法律法规逐步趋于完善和改进，但随着各国贸易往来频率的提高，由于法律法规的差异所引发的贸易壁垒问题日益成为阻碍正常贸易的重要因素之一。因此，国际上一些权威性的机构或协会积极探索，商讨制定通用性法规框架，特别是技术含量、参数等易量化指标和测定方法。比较著名的国际机构有国际食品法典委员会（CAC）、国际标准化组织（ISO）、国际乳业联合会（IDF）、国际各类科学技术协会（ICC）等。

第三节　食品检验原则与制度

随着人们生活水平和保健意识的提高，大家更多地开始注意食品安全问题。提高食品质量，减少食物中有害物质残留，保障食品的质量与安全是当前食品生产及加工行业的重要任务。食品安全离不开食品监管，而有效的食品监管工作往往依赖于食品检验的结果。如果没有检验就无法得知食品是否有不安全因素，更无法得知这种不安全到什么程度。建立食品检验机构，开展食品原料、生产和市场流通等环节的检验工作，是进行食品质量安全监督的重要辅助手段，也是世界通行的做法。

一、食品检验的基本原则

（一）合法原则

食品检验关系食品安全，检验活动应当依法展开。检验人要熟悉有关食品检验的法律法规，依照有关法律、法规的规定，在许可或者认定的检验范围内检验。检验人还需要熟练掌握食品安全标准和检验规范，熟悉检验标准的检测技术，正确使用计量器具，认真如实填写记录，保证检验数据真实可靠。

（二）独立原则

根据《食品安全法》的规定，食品检验由食品检验机构指定的检验人独立进行。一方面，独立检验是为了保证检验结果的客观公正。实践中，一些检验机构为了参与市场竞争，片面地考虑自身的经济利益，在食品检验过程中不能保持中立，服从于送检单位的利益，严重影响了食品检验的公信力。因此相关立法规定，食品检验机构应当独立于食品检验活动所涉及的利益相关方，不受任何可能干扰其技术判断因素的影响，并确保检验数据和结果不受其他组织或者人员的影响。食品检验机构不得以广告或者其他形式向消费者推荐食品。食品检验机构应当指定检验人独立进行食品检验，与检验业务委托人有利害关系的检验人应当予以回避。食品检验人不得与其食品检验活动所涉及的检验业务委托人存在利益关系；不得参与任何影响其检验判断独立性和公正性的活动。独立检验一方面要符合食品检验工作的特点，食品检验工作是技术性、科学性很强的事务，很多都需要独立完成，多人操作容易产生误差。另一方面，独立检验权也是实行检验人责任制的基础，有了独立检验权才能明确责任承担。

（三）客观公正，不虚假检验原则

检验结果客观公正对保证食品安全至关重要，它是食品检验机构权威性的源泉，也是食品检验工作的基本要求和价值所在。检验人员应当尊重科学，恪守职业道德，保持食品检验的中立性，保证出具的检验数据和结论客观、公正、准确，不得出具虚假或者不实数据和结果的检验报告。如果出具了虚假的检验报告，检验人就要承担相应的法律责任。根据《食品安全法》第 93 条的规定，检验人出具虚假检验报告的，依法承担刑事处罚、撤职或者开除处分、10 年内不得从事食品检验工作等。

二、食品检验的基本制度

（一）食品检验机构与检验人共同负责制

食品检验实行食品检验机构与检验人共同负责制，食品检验机构与检验人对食品检验结论的科学、真实、准确共同负有责任。食品检验是具有法律意义的活动，检测机构依据食品检验结果出具的检验报告是具有法律效力的凭证，不仅能反映检测机构的管理、技术和服务水平，而且关系一个产品乃至一个企业的生死存亡[2]。为了提高食品检验工作水平，保证食品检验报告质量，法律明确了食品检验机构和检验人的责任，实行食品检验机构与检验人共同负责制。这一规定将食品检验机构与检验人相并列，改变了过去检验人完全隶属于食品检验机构的做法，在加重检验人责任的同时有利于提升检验人员的职业地位，发挥检验人的主观能动性，有利于在食品检验机构与检验人员之间形成制约机制，保证食品检验客观公正。

为了更好地落实食品检验机构与检验人共同负责制，法律规定食品检验报告应当加盖食品检验机构公章，并有检验人的签名或者盖章。食品检验机构和检验人对出具的食品检验报告负责，这是对食品检验报告的形式要求。这里规定的"双签章"制度，就是要表明检验机构和检验人对检验报告的客观性和公正性共同负有责任，一旦出现问题造成不良后果的，都要依法承担相应的法律责任。

2　邓磊 . 食品检验检测中的质量控制及问题探究 [J]. 科技创新导报 ,2020,17(3):234,236.

（二）食品安全抽样检验制度

《食品安全法》第60条在否定食品免检制度的同时，明确规定要对食品实行强制的检验制度，具体采取定期或者不定期的抽样检验方式，实行食品安全抽样检验。对此，《食品安全法》第77条对抽样检验的监管主体职权的分工、有权采取的措施、抽样检验的方式和方法以及抽样检验的费用和支付都做了具体规定。

（三）食品强制出厂检验制度

我国《产品质量法》第12条规定，产品质量应当检验合格。为从源头上确保食品安全，《食品安全法》第38条明确规定了食品生产企业应当依照食品安全标准对所生产的食品、食品添加剂和食品相关产品进行检验，检验合格后方可出厂或者销售。

（四）进出口食品安全检疫检查制度

根据《食品安全法》第62条和68条的规定，我国对国外进口食品应当按照我国食品安全标准由出入境检验检疫机构进行检疫检验，合格后签发通关证由海关放行；出口的食品由出入境检验检疫机构进行检疫检查，海关凭出入境检验检疫机构签发的通关证放行。

食品检验体系是食品安全保障体系的重要组成部分，对食品进行的专业检验和检测，是确保有毒有害食品无法进入市场流通的重要一环，食品检验体系是否完善与重大食品安全事件的发生与否有直接的关系，在实践中认真执行食品检验制度，对保证食品安全具有重要意义。

第四节　检验用水及试剂的要求

一、检验用水的要求

食品分析检验中大部分的分析是对水溶液的分析检验，因此水是最常用的溶剂。在未特殊注明的情况下，无论配制试剂用水，还是分析检验操作过程用水，均为纯度能满足分析要求的蒸馏水或去离子水。蒸馏水可用普通的自来水经蒸馏汽化冷凝制成，也可以用阴阳离子交换树脂处理的方法制得。国家标准《分析实验室用水规格和试验方法》（GB／T6682—2008）中规定了实验室用水的技术指标、制备方法及检测技术。

应根据检测技术及仪器对水的要求合理选用适当级别的水，并注意节约用水。一般常量分析检验中使用三级水即可；仪器分析检验一般使用二级水，特殊项目的检验包括一些精密仪器对水的要求较高，则需要使用一级水。

二、检验用试剂的要求

试剂的纯度对分析检验很重要，它会影响到结果的准确性，试剂的纯度达不到检验的要求就不会得到准确的分析结果。能否正确选择、使用化学试剂，将直接影响到分析检验的成败、准确度的高低及实验成本。因此，检验人员必须充分了解化学试剂的性质、类别、用途及使用方法，以便正确使用。

根据质量标准及用途的不同，化学试剂分为标准试剂、普通试剂、高纯度试剂与专用试剂四类。

（1）标准试剂。标准试剂是用于衡量其他化学物质化学量的标准物质，其特点是主体成分含量高而且准确可靠。滴定分析常用标准试剂，我国习惯于称为基准试剂（PT），分为 C 级（第一基准）和 D 级（工作基准），主体成分体积分数分别为99.98%~100.02% 和 99.95%~100.05%。

（2）普通试剂。普通试剂是实验室广泛使用的通用试剂，一般可分为三个级别，其规格和适用范围见表 2-1。

表 2-1　普通试剂的规格和适用范围

级别	名称	符号	标签颜色	适用范围
一级	优级纯	G.R.	绿色	精密分析、科研，也可用作基准物质
二级	分析纯	A.R.	红色	一般分析实验
三级	化学纯	C.P.	蓝色	一般化学实验（要求较低）

（3）高纯度试剂。高纯度试剂的主体成分含量与优级纯试剂相当，但杂质含量很低。主要用于痕量分析中试样的分解及试液的制备[3]。

（4）专用试剂。专用试剂是一类具有专门用途的试剂，如光谱纯试剂（SP）、色谱纯试剂（GC）、基准试剂（PT）、生物试剂（BR）等。

各种试剂要根据检验项目的要求和检测技术的规定，合理正确地选择使用，不要盲目地追求纯度高。例如，配制铬酸洗液时仅需工业用的 $K_2Cr_2O_7$ 和工业硫酸即可，若用 A.R. 级的 $K_2Cr_2O_7$，必定造成浪费。对于滴定分析常用的标准溶液，应采用分析纯试剂配制，再采用 D 级基准试剂标定；对于酶试剂应根据其纯度、活力和保存条件及有效期正确选择使用。

三、试剂的保管与取用

试剂保管不善或取用不当，极易变质和沾污，从而影响检验的结果。因此必须按

3　唐桂新 . 测量不确定度在食品检验检测中的应用探究 [J]. 中国新技术新产品 ,2020,10(3):50-51.

一定要求保管和取用试剂。

（1）使用前，要认清标签；取用时，不可将瓶盖随意乱放，应将瓶盖反放在干净的地方。固体试剂应用干净的药匙取用，用毕立即将药匙洗净、晾干备用。液体试剂一般用量筒取用，倒试剂时，标签朝上，不要将试剂泼洒在外，多余的试剂不应倒回原试剂瓶内，取完试剂随手将瓶盖盖好，切不可盖错以免沾污。

（2）盛装试剂的试剂瓶都应贴上标签，写明试剂的名称、规格、日期等，不可在试剂瓶中装入与标签不符的试剂，以免造成差错。标签脱落的试剂，在未查明前不可使用。

（3）易腐蚀玻璃的试剂，如氟化物、苛性碱等，应保存在塑料瓶或涂有石蜡的玻璃瓶中。

（4）易氧化的试剂（如氧化亚锡、低价的铁盐）、易风化或潮解的试剂（如三氯化铝、无水碳酸钠、氢氧化钠等），应用石蜡密封瓶口。

（5）易受光分解的试剂，如高锰酸钾、硝酸银等，应用棕色瓶盛装，并保存在暗处。

（6）易受热分解的试剂、低沸点的液体和易挥发的试剂，应保存在阴凉处。

第五节　食品分析与检验的一般程序

食品的分析与检验包括感官、理化及微生物分析与检验，一般包括下面四个步骤：第一步，检测样品的准备过程，包括采样；第二步，样品的保存；第三步，原始记录及检验报告单的编制。

一、采样

样品的采集简称为采样，是指从大量的分析对象中抽取具有代表性的一部分样品作为分析化验样品的过程。所抽取的分析材料称为样品或试样。

（一）采样的原则

采样是食品分析检验的第一步工作，它关系到食品分析的最后结果是否能够准确地反映它所代表的整批食品的性状，这项工作的进行必须非常慎重。

为保证食品分析检测结果的准确与结论的正确，在采样时要坚持下面几个原则。

（1）采样应具有代表性。采集的样品必须具有充分的代表性，能代表全部检验对象，代表食品整体，否则，无论检测工作做得如何认真、精确都是毫无意义的，甚至会得出错误的结论。

（2）采样应具有准确性。采样过程中要保持原有的理化指标，防止成分逸散或带入杂质，否则将会影响检测结果和结论的正确性。

（3）采样应具有真实性。采集样品必须由采集人亲自到实地进行该项工作。

（二）采样的一般步骤

要从一大批被测对象中采取能代表整批物品质量的样品，必须遵从一定的采样程序和原则。采样的步骤如下：

（1）获得检样。由整批待检食品的各个部分抽取的少量样品称为检样。

（2）得到原始样品。把多份检样混合在一起，构成能代表该批食品的原始样品。

（3）获得平均样品。将原始样品经过处理，按一定的方法和程序抽取一部分作为最后的检测材料，称平均样品。

（4）平分样品三份。将平均样品分为三份，即检验样品、复检样品和保留样品。

①检验样品。由平均样品中分出，用于全部项目检验用的样品。②复检样品。对检验结果有争议或分歧时，可根据具体情况进行复检，故必须有复检样品。③保留样品。对某些样品，需封存保留一段时间，以备再次验证。

（5）填写采样记录。包括采样的单位、地址、日期、样品批号、采样条件、采样时的包装情况、采样的数量、要求检验的项目及采样人等。

（三）采样的数量

采样数量能反映该食品的营养成分和卫生质量，并满足检验项目对样品量的需要，送检样品应为可食部分食品，约为检验需要量的4倍。通常为一套三份，每份不少于0.5~1kg，分别供检验、复验和仲裁使用。同一批号的完整小包装食品，250g以上的包装不得少于6个，250g以下的包装不得少于10个。

（四）采样注意事项

（1）采样应注意抽检样品的生产日期、批号、现场卫生状况、包装和包装容器状况等。

（2）小包装食品送检时应保持原包装的完整，并附上原包装上的一切商标及说明，供检验人员参考。

（3）盛放样品的容器不得含有待测物质及干扰物质，一切采样工具都应清洁、干燥无异味，在检验之前应防止一切有害物质或干扰物质带入样品。供细菌检验用的样品，应严格遵守无菌操作规程。

（4）采样后应迅速送检验室检验，尽量避免样品在检验前发生变化，使其保持原来的理化状态。检验前不应发生污染、变质、成分逸散、水分变化及酶的影响等。

（5）要认真填写采样记录，包括采样单位、地址、日期、样品批号、采样条件、包装情况、采样数量、现场卫生状况、运输、贮藏条件、外观、检验项目及采样人员等。

二、样品的保存

采取的样品,为了防止其水分或挥发性成分散失以及其他待测成分含量的变化(如光解、高温分解、发酵等),应在短时间内进行分析[4]。如果不能立即分析,则应妥善保存;保存的原则是干燥、低温、避光、密封。

制备好的样品应放在密封洁净的容器内,置于阴暗处保存;易腐败变质的样品应保存在 0~5℃的冰箱里,保存时间也不宜过长;有些成分,如胡萝卜素、黄曲霉毒素 B_1、维生素 B_2 等,容易发生光解,以这些成分作为分析项目的样品必须在避光条件下保存;特殊情况下,样品中可加入适量的不影响分析结果的防腐剂,或将样品置于冷冻干燥器内进行升华干燥来保存。此外,样品保存环境要清洁干燥;存放的样品要按日期、批号、编号摆放,以便查找。

三、原始记录及检验报告单的编制

原始记录是指在实验室进行科学研究过程中,应用实验、观察、调查或资料分析等方法,根据实际情况直接记录或统计形成的各种数据、文字、图表、图片、照片、声像等原始资料,是进行科学实验过程中对所获得的原始资料的直接记录,可作为不同时期深入进行该课题研究的基础资料。原始记录应该能反映分析检验中最真实最原始的情况。

(一)检验原始记录的书写规范要求

(1)检验记录必须用统一格式带有页码编号的专用检验记录本记录,检验记录本或记录纸应保持完整。

(2)检验记录应用字规范,需用蓝色或黑色字迹的钢笔或签字笔书写。不得使用铅笔或其他易褪色的书写工具书写。检验记录应使用规范的专业术语,计量单位应采用国际标准计量单位,有效数字的取舍应符合实验要求;常用的外文缩写(包括实验试剂的外文缩写)应符合规范,首次出现时必须用中文加以注释;属外文译文的应注明其外文全名称。

(3)检验记录不得随意删除、修改或增减数据。如必须修改,需在修改处画一斜线,不可完全涂黑,保证修改前记录能够辨认,并应由修改人签字或盖章,注明修改时间。

(4)计算机、自动记录仪器打印的图表和数据资料等应按顺序粘贴在记录纸的相应位置上,并在相应处注明实验日期和时间;不宜粘贴的,可另行整理装订成册并加以编号,同时在记录本相应处注明,以便查对;底片、磁盘文件、声像资料等特殊记录应装在统一制作的资料袋内或储存在统一的存储设备里,编号后另行保存。

4　容家杨.食品理化检验分析中的质量控制分析[J].粮食流通技术,2019,8(16):48-50.

（5）检验记录必须做到及时、真实、准确、完整，防止漏记和随意涂改，严禁伪造和编造数据。

（6）检验记录应妥善保存，避免水浸、墨污、卷边，保持整洁、完好、无破损、不丢失。

（7）对环境条件敏感的实验，应记录当天的天气情况和实验的微气候（如光照、通风、洁净度、温度及湿度等）。

（8）检验过程中应详细记录实验过程中的具体操作，观察到的现象，异常现象的处理，产生异常现象的可能原因及影响因素的分析等。

（9）检验记录中应记录所有参加实验的人员；每次实验结束后，应由记录人签名，另一人复核，科室负责人或上一级主管审核。

（10）原始实验记录本必须按归档要求整理归档，实验者个人不得带走。

（11）各种原始资料应仔细保存，以容易查找。

（二）检测报告的编制

检测报告应准确、清晰、明确和客观地报告每一项或每一系列的检测结果，并符合检测方法中规定的要求。

（1）检测报告的内容。检测报告的格式应由检测室负责人根据承检产品 / 项目标准的要求设计，其内容应包括以下部分。

①检测报告的标题。

②实验室的名称与地址，进行检测的地点（如果与实验室的地址不同）。

③检测报告的唯一编号标识和每页数及总页数，以确保可以识别该页是属于检测报告的一部分，以及表明检测报告结束的清晰标识。

④客户的名称和地址。

⑤所用方法的标识。

⑥检测物品的描述、状态和明确的标识。

⑦对结果的有效性和应用至关重要的检测物品的接收日期和进行检测的日期。

⑧如与结果的有效性和应用相关时，实验室所用的抽样计划和程序的说明。

⑨检测的结果带有测量单位。

⑩检测报告批准人的姓名、职务、签字或等同的标识。

⑪相关之处，结果仅与被检物品有关的声明。

⑫当有分包项时，则应清晰地标明分包方出具的数据。

（2）当需要对检测结果做出解释时，对含抽样结果在内的检测报告，还应包括下列内容。

①抽样日期。

②抽取的物质、材料或产品的清晰标识（包括制造者的名称、标示的型号或类型

和相应的系列号）。

　　③抽样的地点，包括任何简图、草图或照片。

　　④所用抽样计划和程序的说明。

　　⑤抽样过程中可能影响检测结果解释的环境条件的详细信息。

　　⑥与抽样方法或程序有关的标准或规范，以及对这些规范的偏离、增添或删节。

第二章　食品检测技术分析

第一节　食品添加剂检测技术分析

现代市场中的食品或多或少都含有一定添加剂，其主要作用是调节食物的口感，同时起到防腐的作用，适量的食品添加剂对人体没有危害，但是如果过量食用会对人体产生不利影响。为保证食品安全，对食品添加剂进行检测具有重要作用。

一、食品添加剂检测技术应用的必要性

食品安全是关系民生的重要问题，食品安全问题不断发生，给社会主义建设带来一定挑战。各个部门应当加强市场管理和监管水平，为人们提供一个安全的食品环境。这要求必须对市场中的食品添加剂进行检测，通过科学技术检测判断出食品的添加剂是否具有毒性，是否在食品中产生不良反应，同时确定食品中添加剂的含量是否处于规定范围内，只有对食品含有的添加剂进行检测才能实现食品安全，保障人们身体健康不受伤害。

二、食品添加剂检测技术

（一）高效液相色谱法

高效液相色谱法在宏观角度上是色谱分析法中一种，这一技术是早期由经典液相色谱法和气相色谱演变而来，属于新型的分离分析技术。这一技术出现以后较之以前的技术具有分离性能高、分析效率快、检测灵敏性更加优良的优点，同时这一技术还能够分析高沸点但是不会气化的不稳定物质，所以这一技术在当时受到广泛欢迎和推广，在生物化学、食品检测以及临床等方面都起到重要作用。随着色谱技术不断提高，各种软件不断涌现，可与质谱仪器等实现结合使用，这一发展促使高效液相色谱法应用范围更加广泛，能有效提高检测极限。

（二）气相色谱法

气相色谱法这一技术原理是采用流动相为气相的层分析形式，是最常用的技术分析手段。这一技术主要应用于分子量小于 1000 同时沸点在 350℃以下的化合物。使用气相色谱法进行检测时，样品是在气相中完成交换和分离功能，这一措施使二相中的分离测定物交换速率得到广泛提高，并且层析柱达到比较长的长度，所以这一环节的分离效率和分离质量高于液相层。

随着技术不断优化，各种高灵敏检测仪器被广泛应用到食品检测工作中，这些机器的投入使用，需要选择比较粗的层析柱，增加样品的加样量，在检测过程中，其灵敏度要比液相层析和气相色谱都要高一些。这一技术被广泛应用于食品微量成分检测中，沸点比较低的食品一般也会采用这一技术进行分析，比如说经常使用的香料等。

（三）紫外可见分光光度计

紫外可见分光光度计技术是一种传统的样品分析技术，这一技术是在现代科技社会形成的高技术产品，集光、机、电以及计算机为一体，应用范围非常广，比如医疗卫生、食品检测、生物化学以及环境保护等方面都有广泛应用。在食品检测中的应用主要是测定食品中甜蜜素、硝酸盐等物质。

（四）薄层层析

薄层层析也是色谱法的一部分，这一技术的特点是能够快速分离和定性分析少量的物质，这一技术的使用具有重要开创性。薄层层析技术既具有柱色谱和纸色谱的优势，同时又具有自身独特的优点，属于固 - 液吸附色谱。这一技术在检测分析工作中只需少量的样品即可进行分离操作。另外，制作薄层板时，适当加大加厚吸附层，可以用其精制样品。这一方法对检测挥发性比较小的或者在高温下容易发生变化的物质比较适用。

（五）毛细管电泳技术

当前社会中，食品具有多样性和复杂性，所以食品添加剂的监测技术也应当不断进行完善，适用的食品分析技术能够满足不同的食品检测需求，同时还能实现对同一物质的不同组分进行测定。毛细管电泳技术因为具有不同的分离模式，所以其应用范围非常广泛，对防腐剂、甜味剂、色素等物质都可以进行检测。

技术的不断发展促使商品仪器不断改进，因此已经出现自动进样器以及灵敏度比较高的检测器等，这些商品技术与毛细管电泳技术相结合，能有效提高检测的精确度，同时顺利可完成连续自动进样和在线分析技术。在检测中综合运用质谱、核磁共振等技术，可将高效毛细管电泳技术的高效分离效率充分表现出来，提高灵敏度和定性鉴定的能力，在最短时间内完成对复杂成分的分离与鉴定，为食品安全监测提供有效方法。

（六）离子色谱法

离子色谱法的应用可以分析物质中无机阴离子和阳离子，同时还可以分析物质中的生化物质。在食品检测中这一技术主要用于检测防腐剂和酸味剂等添加剂。

食品添加剂是现代食品中不可或缺的物质，与人们的生活具有密切关系，保证食品安全有利于社会建设和发展。当前我国的食品添加剂在检测方面相对已经比较成熟，但是食品安全事故频发，新的食品添加剂不断出现，食品检验标准没有得到补充，在一定程度上存在安全隐患。加快食品检测技术研究，综合利用各种检测技术，保证食品安全是当前建设的重要内容之一。

第二节　食品中非法添加物检测及分析

近年来，食品非法添加物比如苏丹红、三聚氰胺等造成了恶劣的社会影响。为了降低这类安全问题的发生率，必须重视对食品中非法添加物的检测及分析，借助相应的技术措施，提高对食品中非法添加物进行检测和分析的有效性，保证人们的食品安全和健康。

一、常规检测技术

（一）分光光度法

分光光度法在食品检测方面有着非常广泛应用，具有设备简单、准确度高、适用范围广等特点。水产中经常会添加有甲醛等非法添加物，延长水产保鲜期，根据水产行业《水产品中甲醛的测定》，选择分光光度法作为第一方法检测水产中的甲醛。硫化钠在味精生产工艺方面有广泛应用，当前将其列为违法添加物，目前我国缺乏专门的味精硫化钠检测方法，将分光光度法应用在硫化钠检测中，能够提供方法基础。

（二）气相色谱与气相色谱－质谱联用技术

气相色谱技术（GC）在农药残留等检测方面有广泛应用，敌敌畏等属于剧毒性农药，部分商家为了使腌制品防腐、防蝇等，将敌敌畏等药物添加在食品加工中。国家标准中，关于有机磷农药的检测，以 GC 法作为首选方法。富马酸二甲酯属于一种较为常见的非法添加物，在糕点类食品防腐方面有广泛应用，分光光度法等检测方法在富马酸二甲酯检测方法会受到糕点油脂和色素等因素干扰，降低检测结果稳定性，GC 检测方法已经成为当前检测富马酸二甲酯的主要方法，有着简便快捷、结果准确等优势。气相色谱－质谱联用技术能够使整个检测工作的灵敏度和选择性得到进一步提升，将其应用在有机磷农药等检测方面，可以为非法添加物的定性检测提供一种安全有效的检测方法。

二、食品中非法添加物新型检测方法

（一）免疫检测法

免疫检测法在实际应用中有着特异性强、分析容量大等优势，已经发展成为食品安全快速筛查主流研究方向，在食品农药残留、苏丹红检测等方面有着非常广泛的应用。免疫检测法中酶联免疫吸附检测法最为常用，在氯霉素含量检测方面有着非常好的应用效果。免疫检测法在实际应用中还存在一定的不足，比如说抗体制备复杂、检测目标单一等。

（二）拉曼光谱法

拉曼光谱法有着快速、无损、安全的特点，在实际应用中不需要制备试样、不需要消耗化学试剂，当前在非法添加物、果蔬农药残留等检测中发挥着重要作用。拉曼光谱法在实际应用中同样存在一定的缺陷，整个检测工作容易受荧光干扰，准确性、检测效率还需要进一步提高。

（三）生物传感器

生物传感器属于一种生物敏感部件与转换器相结合的分析装置，被广泛应用在有机磷农药分析中。生物敏感部件在实际应用中对生物活性物质以及特定化学物质存在有明显的可逆性和选择性，利用 pH 值、电导等参数的测量分析农药残留情况。生物传感器技术还能应用在肉制品抗生素、亚硝酸盐等检测方面，但因为处于研究阶段，检测结果的稳定性和准确性还无法得到有效保证。

三、非法添加物分析前处理技术

非法添加物检测前，一般需要对样品进行提取和浓缩等处理，食品基质存在复杂多样性特点，样品处理技术直接影响到检测效率以及准确性。在样品分析之前，需要结合样品性质、检测要求等悬着合适的仪器和方法，实现对检验对象的快速准确分析。

（一）常规提取、浓缩方法

食品中非法添加物的检测，首先需要对其提取、净化和浓缩处理。常用提取方法有溶剂浸提法，利用乙醇等有机溶剂提取目标物，之后利用旋转蒸发仪等设备浓缩。在溶剂浸提过程中，还可以应用微波、超声波等辅助手段，提高提取效率，属于一种重要前处理方法。

（二）加速溶剂萃取法

加速溶剂萃取法在固体和半固体样品处理方面有广泛应用，需要在高压和高温条件下，利用有机溶剂提取目标物，有机溶剂用量少，提取速度快。相比于溶剂浸提法，加速溶剂萃取方式不需要花费过长时间，有着非常高的提取效率，各项技术指标能够满足农药残留检测实际需要。

（三）固相萃取法

固相萃取法属于一种新的色谱样品前处理方法，主要是利用固体吸附剂吸附样品中的目标化合物，实现目标与基样相互分离，固相萃取法在农药、三聚氰胺等检测方面有着非常广泛应用。相比于传统萃取法，固相萃取法在实际应用中能够避免溶剂浸提法的一些缺陷，整个萃取过程简单、快速，不会对人体和环境造成过大影响。

当前非法添加物的检测以化学仪器检测方式为主，随着免疫检测法等检测技术的发展，实际检测中需要结合非法添加物的化学性质以有针对性地选择检测方法，未来非法添加物检测需要向着低成本、高效、准确方面发展，样品前处理技术同样需要向着快速、精确、自动化方向发展，减少各类人为因素影响所产生的误差。

第三节　食品中农药残留检测技术的分析

农药大量和不合理使用所造成的环境污染问题，以及农产品中的农药残留问题，越来越受到各国政府和公众的关注。随着国外不断发布更加严格的农药残留最大允许限量，我国农产品、食品进出口贸易正面临严重的农残困扰。农药残留检测是对痕量组分技术，要求检测方法具有精细的操作手段、更高的灵敏度和更强的特异性。农药残留分析的全过程可以分为样本采集、制备、贮藏、提取、净化、浓缩和测定等步骤及对残留农药的确证。本节分别从技术的现状与发展方向进行阐述。

随着人们生活水平的提高，由农药残留引起的食品安全问题也越来越受到人们的关注，对农药残留的监测手段和检测水平提出了更高的要求，一方面促进了农药残留快速检测方法的研究，使农药残留检测技术朝着更加快速、方便的方向发展；另一方面又推动仪器检测技术的发展，使检测结果更加准确、灵敏。农药残留快速检测和仪器检测技术都得到快速的发展。

一、食品中农药残留现状

农作物在生长过程中极易受到病虫害、杂草等的影响，因此农民在管理农作物的过程中会根据农作物的生长情况进行防病虫害、杂草的治理，农药就是农民用于防治病虫害、杂草最重要的"武器"，对促进农业增产有十分重要的作用。但农民在使用农药时缺乏科学的指导，常出现不合理的现象，导致农药污染问题，食品中农药残留量超标现象也十分普遍，严重影响人们的身体健康，因此必须严格检测食品中的农药残留，防止超标农药对人体造成危害。

二、农药残留快速检测技术

（一）色谱法

色谱法是检测食品中是否有农药残留的主要手段，可对农药的多残留进行分析，色谱法主要有气相色谱法、高效液相色谱法和超临界流体色谱法。高效液相色谱法是20世纪60年代后兴起的一种分离、分析检测技术，经多年的实践、改进、完善，高效液相色谱法在食品农药残留中的应用也非常广泛。高效液相色谱法分离效果好，检测速度快，可应用于多种农药残留检测。超临界流体色谱法是近几年才发展起来的新型食品农药残留检测技术，主要用于检测高沸点且不挥发的试样，分离效率比高效液相色谱法更高，主要应用于提取和检测食品中的农药残留，是目前我国食品农药残留检测中发展趋势最好的检测技术。

（二）生物传感器法

生物传感器法是目前农药残留速测技术中的研究热点，是由一种生物敏感部件与转换器紧密配合的分析装置，这种生物敏感部件对特定化学物质或生物活性物质具有选择性和可逆响应，通过测定 pH 值、电导等物理化学信号的变化，即可测得农药残留量。这是一种利用农药对靶标酶（如乙酰胆碱酯酶）活性的抑制作用，利用复合纳米颗粒及纳米结构增强酶电极的性能并以生物活性单元（如酶、蛋白质、DNA、抗体、抗原、生物膜等）作为敏感基元，对被分析物具有高度选择性的现代化分析仪器。纳米生物传感器技术是目前新兴的，在综合生物工程学、微电子学、材料科学、分析化学等多门学科基础上发展起来的一项生物新技术，它把纳米材料和生物活性物质巧妙地与传感器技术、计算机技术结合，是传统的烦琐的化学分析方法的一场革命。纳米农药残留量传感器在农药残留的检测中，除了具有上述灵敏度高，可接近常规仪器检测标准的优点外，还具有结构紧凑、操作简便、检测迅速、选择性好等许多其他方法不可比拟的优势。

（三）活体检测法

活体检测法是使用活的生物直接测定。例如农药与细菌作用后可影响细菌的发光程度，通过测定细菌发光情况，可测出农药残留量。又如，农药残留会导致家蝇中毒，使用敏感品系的家蝇为材料，用样本喂食敏感家蝇后，根据家蝇死亡率便可测出农药残留量，一般在 4 ~ 6h 内可测出蔬菜是否含超量农药。但该法只对少数药剂有反应，无法分辨残留农药的种类，准确性较低。使用家蝇检测蔬菜中的农药残留，过程简单、无需复杂仪器，农户便可自行检测，缺点是检测时间较长，仅适于田间未采收的蔬菜。

（四）酶联免疫法

酶联免疫吸附剂测定法简称酶联免疫法，利用抗体与酶复合物结合，通过显色进行检测。其原理是，使抗原或抗体与某种酶连接成酶标抗原或抗体，既保留其免疫活性，又保留酶的活性。在测定时，使受检标本和酶标抗原或抗体按不同的步骤与固相载体表面的抗原或抗体起反应。用洗涤的方法使固相载体上形成的抗原抗体复合物与其他物质分开，最后结合在固相载体上的酶量与标本中受检物质的量成一定的比例。该方法的检测效果好，因此发展较好。

（五）分子印迹技术

分子印迹技术原理是将模板分子与功能单体在合适分散介质中依靠相互作用力，如共价键、离子键、氢键、范德华力、疏水作用以及空间位阻效应等，形成可逆结合的复合物；再加入交联剂在光、热、电场等作用以及引发剂和致孔剂辅助下形成既具有一定刚性又具有一定柔性的多孔三维立体功能材料，并且将模板分子有规律地包在其中。合成后用一定方法把模板分子去除，从而获得与模板分子互补，有特异识别功能的三维孔穴，以便用于与模板分子再结合。近年来有关印迹传感器技术在农药检方面的研究不断深入，所涉及的农药品种趋于多样化。已报道的印迹传感器可用于检测敌草净、草甘膦、对硫磷、莠去津等 10 余种农药。

（六）确证技术

对于检出的农药需要进行确证，以证实有该农药的存在，确证方法主要有色谱确证和质谱确证。色谱确证农药的方法有两根不同极性的毛细管柱确证、同一根色谱柱不同的检测器确证、不同的色谱柱不同的检测器确证等；质谱确证包括气质联用仪、液质联用仪。

综上所述，本节主要对食品中农药残留检测技术进行分析和研究，介绍当前食品农药残留检测的现状，阐述农药残留检测的技术的重要性，并详细分析几种检测技术，有利于保证食品的安全，更好地保障消费者的合法权益。

第四节　食品安全理化检测技术的分析

食品安全理化检测主要外在表征是理化指标、农兽药、重金属等问题，应对这些问题的主要方法有理化检测法和免疫学检测法，这两种方法有特有的优缺点和应用范围。其中，理化检测方法又可以分为色谱分析和光谱测定等方法，这些方法依靠分析检测仪器，大多能进行定性分析和定性检测，灵敏度较高。但部分方法检测程序复杂、费用较高。因此，定性分析和定量检测在食品生产企业中得到了良好的应用。

一、理化检测方法中色谱分析法

薄层色谱、气相色谱、高效液相色谱和免疫亲和色谱是色谱分析中最为常见的几种方法。其中，薄层色谱法是微量快速检验的方式，但是相对于其他的方式，此种方式灵敏度并不是很高。气相色谱方法却具有高效、快速、灵敏度高的特点，但是此方法却不能检验农药。高效液相色谱对被检测物质的活性影响相对比较小，与此同时，并不需要特别对样品进行气化，就可以检测出其中非挥发性物质和很难测定的残留物等。针对农兽药残留的检测，免疫亲和色谱法是把复杂的样品进行离析提取，最终经过处理以后，再对农药进行检测，主要针对待检样品应用进行拓展，保证了结果的准确性和安全性。

二、理化检测方法中光谱测定法

在原子吸收光谱和近红外光谱分析中，重金属检测具有较高的应用价值。换句话说，原子吸收光谱法在无机元素含量测定中具有较大的应用价值。近红外光谱分析对于物质的物理状态没有特殊的需求。针对农药残留和转基因的食品研究中，毛细管电泳法就可以应用在食品基质成分复杂的检测中。而生物传感器主要用于重金属残留物和乳品掺假、植物油掺假等检测，其具有灵敏度和识别度相对较高的特点，应用较为广泛，如茶叶、酒水、乳制品的等级评定等。

三、免疫学检测方法中酶联免疫吸附测定

免疫学检测法以抗原抗体反应的特异性反应及灵敏度作为检测的基础。针对单独的理化现象比较有难度，但是却适用于比较复杂基质中衡量组分的分离或检测。在食品安全检测中，酶联免疫吸附测定（ELISA）技术是目前应用比较广泛的方式之一，食品中抗生素残留和霉菌毒素等的检测试剂盒即以此为基础。其通过酶标记物对抗体进行分辨和识别，放大检测信号，提升了检测的灵敏度、可靠度和安全度。在2003年之前，此类检测试剂盒以进口为主要渠道，2003年之后，国内此类产品也开始兴起，并逐渐取得一定的市场份额。比如呋喃西林代谢物，国内可以生产出符合标准的检测试剂盒，灵敏度也达到了标准要求，达到了高效液相色谱法的检测灵敏度，甚至更高，在实际的生活与生产应用中得到了大量的好评。

四、免疫学检测方法中胶体金免疫层析技术

免疫层析（IC）技术是一种把免疫技术和色谱层析技术相结合的快速免疫分析方式。通过酶促显色反应或者使用可目测的着色标记物，五到十分钟便可得到直观的结果。此种方式，不需考虑标记物，也不需进行分离，在操作方式上，相对简单，方便进行判断，在食品检测的市场中适合于快速检测。

五、常用检测技术比较

常用的检测方式，例如高效液相色谱法和酶联免疫吸附测定法、胶体金免疫层析技术等，在食品安全理化检测技术中，具有比较大的优势。高效液相色谱法在检测样本的过程中，处理复杂、操作较难，成本一般人很难承受，因此，只能应用在大型企业和国家单位中。酶联免疫吸附测定技术目前已有大量商品化试剂盒，检测项目覆盖了几乎所有兽药残留、致病微生物等，操作便捷、灵敏度高，相对需要专业化的实验设备。胶体金免疫层析试纸条的方法，操作相对来说比较简单，此方法主要应用在现场快速筛选中。蛋白质芯片等技术还处于实验研究阶段，由于技术和设备的成本限制，应用较少。伴随着科技的不断发展，很多应用比较广泛的检测技术伴随着成本的降低和技术的进步不断发展。

近几年来，免疫检测技术在食品安全理化检测中得到应用。其中，蛋白质芯片、基因芯片、生物传感器技术等，还要在未来进行研究和探究，不断随着科技发展与时俱进。

第五节　食品包装材料安全检测技术分析

改革开放以来，我国的经济得到了迅速的发展和进步。随着经济的快速发展和进步，我国在食品包装材料安全检测技术方面也取得了显著的成就。人们的生活水平得到了大幅度的提升，人们对于食品包装材料安全问题越来越关注了，同时对食品包装材料安全提出了越来越高的要求。为更好地满足人们的需求，提高人们的身体健康素养，我国相关政府在食品包装材料安全技术方面投入了大量的资金和精力，也取得了举世瞩目的成就。本节对目前我国食品包装材料安全问题以及相关技术方面做了简要的分析和探讨。

在食品包装材料安全检测的过程中，安全检测技术起着极其重要的作用。近几年来我国经济得到了快速的发展和进步，但在食品包装材料安全方面却出现了一系列的

问题。例如，我国的食品竞争压力越来越大，许多食品生产企业为获得更多的经济收入，在进行食品包装时不能严格地按照国家规定的标准进行包装和操作，许多企业在包装时选择一些对人们身体健康有害的材料，给人们的生命安全带来极大的威胁。因此，为尽快改变这一现状，提高食品包装材料的安全性，我国相关政府必须不断加大对于食品包装材料安全检测的力度，加大对于食品包装材料安全检测技术的投入力度，不断地提高食品包装材料安全性。

一、食品包装材料安全检测存在的问题

尽管我国相关政府在食品包装材料安全检测方面投入了大量的资金，也针对我国的食品安全材料检测现状提出了一系列相关的法律法规，但这些法律法规存在着许多问题。例如，许多法律法规的针对性较差，无法针对食品包装材料安全检测的具体问题进行解决。此外，我国的法律法规过于形式化，许多法律法规无法被真正地应用到实际中。同时，我国的食品包装材料安全检测设备存在着诸多的问题。例如，由于我国贫富差距比较大，在经济比较落后的地区，食品包装材料安全检测机构的检测设备较落后，已远远不能满足现代人们的安全需求。同时，由于许多经济落后地区的安全检测人员素养较低，检测能力较差，这也是造成食品包装材料安全检测存在问题的主要原因之一。

二、提高食品包装材料安全检测的有效对策

现如今，人们在购买食品时十分注重食品的外接触以及内接触材料，因此食品生产商对食品接触材料的重视程度也逐渐提高，此外，食品生产商也需要提高对食品接触材料的成本关注。食品接触材料主要是作为容器盛装食品，避免食品受到外界污染，使食品的可食用时间得以延长。食品接触材料与食品直接接触，在温度、光照等因素影响下，食品接触材料中的部分物质可能会迁移到食品中，导致食品受到污染。若消费者食用了受污染的食品，将会影响身体健康，所以需要通过一定的安全检测手段来监测食品接触材料的安全性，从而使消费者的健康安全得到保障，同时满足行业发展的需要。

（一）加强对于食品包装材料安全检测技术的重视程度

为更好地提高我国食品包装材料的安全性和食品包装材料安全检测技术水平，我国政府相关部门必须不断地提高对于食品包装材料安全检测技术的重视程度，增加食品包装材料安全检测技术开发的资金投入力度。例如，相关政府应尽快建立健全与食品包装材料安全检测有关的法律法规，根据我国食品包装材料安全检测存在的问题制定相对应的政策，并将这些政策应用到实际中。同时，还应该加强这些法律法规的执

行力度。另外，相关政府应尽快在各个地区成立食品包装材料安全检测机构，并对一些经济比较落后的地区给予一定的经济资助。

（二）加大对食品包装材料安全检测技术人员的培训力度

在食品包装材料安全检测的过程中，食品包装材料安全检测技术人员扮演着十分重要的角色，检测技术人员的技术水平对保障所有食品的安全具有至关重要的作用。因此，相关部门必须不断加大对食品包装材料安全检测技术人员的培训力度，尽快提高他们的食品包装材料安全检测技术水平。

例如，相关部门可首先加大对各个食品包装材料安全检测机构的资金投入力度，使各个机构都可对安全检测技术人员进行定期的培训。此外，对于食品包装材料安全检测机构而言，各个机构必须定期地对安全检测技术人员进行培训。在培训的过程中，机构可邀请专业的安全检测技术专家来进行培训，在培训结束后，机构还应对所有安全检测技术人员的培训成果进行考查，考查不合格的安全检测技术人员应给予一定的惩罚，而对考查成绩优秀的技术人员应给予一定的奖励。

（三）建立健全我国与食品包装材料安全检测有关的法律法规

相关政府部门还应建立健全我国与食品包装材料安全检测有关的法律法规，增强法律法规的执法力度，确保所有食品包装材料安全检测机构在进行检测时严格按照国家的规定。

食品接触材料与食品安全密切相关。国家在食品安全市场准入制度中规定，只有合格的原材料、食品添加剂、包装材料和容器才能生产出符合质量安全要求的食品，因此食品接触材料的安全性是食品安全的重要组成部分。加强食品接触材料安全监管，更好地保护消费者的生命健康安全，已经成为政府监管部门和相关从业者的共同挑战。

三、食品接触材料对食品安全性的影响

（一）纸和纸板类食品接触材料

在食品接触材料中，纸是最为传统的。纸类接触材料价格低，便于运输，生产有很好的灵活性，其造型也比较容易，因此在生活中有着极为广泛的应用。人们一般将纸作为纸杯、纸箱、纸盒、纸袋等直接接触食品包装材料，现在常用的纸类食品接触材料主要有牛皮纸、半透明纸、涂布纸、玻璃纸和复合纸等几类，但纸类接触材料也存有一定的安全隐患。

纸类接触材料中，有些是利用废纸生产的，材料收集中会有一些霉变的纸张，这类纸张经生产之后也会存在霉菌以及致病菌等，使食品腐蚀变质。同时，回收的废纸中还可能有镉、多氯联苯、铅等有害物质，使得人们出现头晕、失眠等症状，严重的甚至会造成癌症。

有些食品工厂在使用纸质食品接触材料时，没有使用专用的油墨，而是用非专用的油墨，其中有很多甲苯等有机溶剂，导致食品中苯类溶剂超标。苯类溶剂毒性大，如果进入人的血管、皮肤中，会使人的造血功能受到影响，导致人的神经系统受到损害，严重的会出现白血病等情况。

造纸过程中常需要将染色剂、漂白剂等添加剂加入纸浆中，纸张通过荧光增白剂处理之后，会有荧光化学污染物，会在水中快速溶解，易进入人体中。如果人体中有荧光增白剂进入，人体吸收之后就无法顺利分解，导致人的肝脏负担加重。医学表明，荧光物质会导致细胞变异，若数量过多，甚至会引发癌症。

（二）塑料食品接触材料

塑料材料是目前涵盖种类、数量最多，使用最频繁的一类包装材料，特别是在现代生活中。在食品行业中，塑料材料的应用范围极为广泛，其中有 60% 左右的商家选择塑料材质作为食品接触材料。塑料是高分子聚合物，由高分子树脂与多种添加剂共同构成，其重量轻、加工简单，能够很好地保护食品，并且运输起来更加便利。塑料接触材料中，树脂、添加剂等会对食品的安全产生影响。

树脂本身没有毒性，但降解之后的产物、老化产生的有毒物质会极大地影响食品安全。比如，保鲜膜中含有氯乙烯单体，若生产中聚氯乙烯没有完全聚合，残留的氯乙烯就会成为污染源。氯乙烯单体能够起到麻醉的效果，人的四肢血管会吸收进而出现疼痛，并且会致畸、致癌。

塑料生产中常使用添加剂，如胶黏剂等，其主要成分是芳香族异氰酸，利用该材料制作塑料袋，高温蒸煮之后就会产生芳香胺类物质，这类物质可致癌。塑料比较容易回收，常被反复使用，若直接用回收的塑料材料接触食品，食品安全必然会受到极大的影响。塑料接触材料的回收渠道比较复杂，回收容器中残留的有害物质也无法保证彻底清洗干净。还有些厂家回收塑料时使用大量的涂料，会残留大量的涂料色素，导致食品受到污染。而且由于监督管理不到位，很多医学垃圾塑料被回收利用，成为食品安全的重要威胁。在食品接触生产加工中，如果加入的着色剂、稳定剂、增塑剂等质量有问题，也易产生二次污染，严重威胁食品的安全。

（三）金属食品接触材料

金属材料作为食品接触的重要材料，其容易回收，并且有耐高温、高阻隔的优势，但金属材料不耐酸碱，并且其化学稳定性不强。

金属接触材料主要涉及涂层金属类和非涂层金属类。涂层类金属接触材料中，其表面涂布的涂料中可能有游离甲醛、游离酚以及其他有毒单体溶出。对于非涂层金属类接触材料，其会溶出有毒有害的重金属。当前，主要的金属接触材料是铁、铝、不锈钢及各种合金材料，如铝箔、无锡钢板等，铁制品中镀锌层与食品接触，锌就会转移到食品中，使人们出现食物中毒。铝制品、铝材料中有锌、铅等元素，如果人体摄入量过多，逐渐积累会导致慢性中毒。

（四）玻璃、陶瓷、搪瓷类食品接触材料

在食品接触材料中，玻璃也比较常见，但其化学成分有差异，因此玻璃主要有铅玻璃、钠钙玻璃、硼硅酸玻璃等种类。玻璃无毒无味，卫生清洁，化学稳定性强，并且有很好的耐气候性。但由于玻璃具有一定的高度透明性，因此对于一些食品是不良的，易发生化学反应，从而产生有毒物质。玻璃接触容器中的有毒物质比较单一，主要包括砷、铅、锑，向食品中迁移量不多，一般不会对人体造成太大的危害。

我国的陶瓷制品使用历史悠久，陶瓷的研究在世界上也居于前列。陶瓷接触材料的问题主要在于陶瓷表面涂料或釉彩中重金属铅、砷、镉等含量可能超标。有研究表明，彩釉中含有的镉及其他重金属迁移到食品中，会严重威胁人类的健康。

搪瓷是在金属表面涂覆一层或数层瓷釉，通过烧制，两者发生物理化学反应而牢固结合的一种复合材料。有金属固有的机械强度和加工性能，又有涂层具有的耐腐蚀、耐磨、耐热、无毒及可装饰性。搪瓷和陶瓷制品一样，其卫生安全问题来源于表面涂料或彩釉，着色颜料也会有金属迁移，有研究表明，已上釉彩的包装容器，如使用鲜艳的红色或黄色彩绘图案，铅或镉会大量溶出。

（五）橡胶和硅橡胶类食品接触材料

橡胶作为一类重要的化工材料，在食品工业中的作用日益扩展，越来越多地应用在食品接触材料领域中。相对于其他食品接触材料，橡胶拥有独一无二的高弹性性能，同时还具备密度小、绝缘性好、耐酸、碱腐蚀、对流体渗透性低等优势，这些特性使橡胶类制品广泛用于与食品接触的婴幼儿用品、传输带、管道、手套、垫圈和密封件等产品中。

橡胶输送带、管道、手套等产品与食品接触基本是动态的，接触时间相对较短，接触面积与食品体积或质量的比值很低，这种情况下的橡胶组分迁移一般较少，甚至可以忽略，因而安全风险相对较低。但对于奶嘴纸类的婴幼儿用品，由硫化促进剂等引起的亚硝胺问题需要特别关注。盖子、垫圈、密封件等，由于在密封食品的过程中需要经过高温杀菌处理，所以这类接触材料中的有毒有害物质，尤其是增塑剂等，易迁移至食品中，对人体产生一定的危害。

与各类橡胶材料相比，硅橡胶具有优异的耐高低温、耐候、耐臭氧、抗电弧和电气绝缘性等特性，同时耐某些化学药品，透气性高，并且具有良好的生理惰性，无臭无味，因此在食品接触材料制品中应用越来越广泛，逐渐取代了橡胶制品的主导地位。

（六）其他食品接触材料及辅助性材料

竹、木等天然材料自古就被用作食品加工或承载工具，随着加工工艺技术的发展

和油漆、涂料等辅料的使用，竹木类产品性能进一步改善，品种和用途也更加多样化。

再生纤维素薄膜，又称赛璐玢。它高度透明，纸质柔软光滑，有漂亮的光泽；挺度适中，拉伸强度好，有良好的印刷适性；无孔眼，不透水，对油性、碱性和有机溶剂有较好的耐受性；不带静电，不会自吸灰尘。再生纤维素薄膜是一种常见的食品包装用纸，多用于包装糖果，也可用作其他包装的内衬。

为延长食品货架期，活性及智能食品接触材料被逐渐引入食品包装应用中，以添加或去除食品中的某些成分，来尽量延缓食品变质甚至改善食品的感官品质。这种材料主要作为包装材料的成分或附件，其本身并不独立使用。

大多数食品包装都离不开印刷油墨及涂料等辅助材料，通过印刷图案、文字展示产品信息，将信息直接传递给消费者，使产品在货架上备受瞩目，提供品牌推广机遇。尽管油墨一般印刷在包装的外表面，并未与食品直接接触，但研究表明，印刷油墨中的成分仍可能通过其他途径迁移到食品中，影响人体健康，尤其是重金属、芳香胺、多环芳烃、溶剂残留等污染较为严重。

四、食品接触材料安全性检测策略

（一）建立健全食品接触材料卫生标准

当前，我国的食品接触材料卫生标准等并不完善，因此需要建立科学全面的食品接触法律法规等。将卫生部门与工商管理部门结合起来，从而使法律法规的制定有科学的依据。政府部门需要优化与改进当前的法律法规，对于不同种类的食品接触材料，需要结合其实际成分含量进行科学的规定。积极学习借鉴欧美等西方国家的经验，并结合我国市场的特点，对不同食品、食品接触材料等提出有针对性的技术指标。

（二）强化食品接触企业的自律

我国的政府部门需要对食品企业进行诚信教育、法制教育，通过科学化的教育方法对企业进行教育培训，从而强化企业的法律意识，并使企业能够更加自律。企业在生产中，需要科学地选择和控制原材料，不能为减少成本支出就使用廉价、不达标的接触材料。

（三）健全食品材料检测体系

食品接触材料的成型工艺、分子结构以及加工助剂等有差异，因此食品接触材料直接差异也较大，食品接触材料的检测工作也有一定的复杂性。因此需要建立完善的食品接触材料检测中心，结合国家的相关标准有效地检测不同接触材料的性能特点。强化食品接触材料的检测技术，找到高效快速的检测方法，使食品接触中残留的重金属、单体等有毒有害物质等能够得到有效检测，提高检测水平。

（四）使用新型接触材料

我国的相关机构以及科研部门需要通过多样化的方法争取资金支持，从而强化对食品接触材料的投入。当前在对食品接触材料研究中，其主要目标是延长货架期，实现高阻隔，并减少接触材料对食品产生的影响。目前，有些食品中已经开始使用可食性接触材料，这些食品接触材料的安全性较高，不仅可食用，而且不会对人体、环境等造成负面影响。

（五）强化接触材料安全检测技术人员培训

在食品接触材料的安全性检测中，检测技术人员发挥着极为重要的作用，检测人员的技术水平将对食品安全造成重要的影响。所以需要强化食品接触材料安全性检测人员的教育培训，使其检测水平得到提高。相关部门要加强食品接触材料安全检测机构资金的投入力度，定期组织安全检测技术人员培训，并邀请专业化的安全检测专家开展讲座培训等，并对安全检测技术人员的培训成果进行考核，考核不合格的需要给予惩处，考核优秀的给予一定的奖励。

当前，食品接触材料与食品直接接触，其安全性将对食品安全、消费者的身体安全造成直接的影响。食品接触材料安全问题也是当今世界食品安全的重要环节，因此，科学的检测及安全性评价体系显得尤为重要。

第六节　食品中氯霉素（CAP）残留检测技术的进展分析

本节介绍了检测食品中氯霉素残留量的微生物检测技术、光谱检测技术、色谱检测技术、快速测技术，分析了检测技术的未来发展趋势。

研究发现，蛋、肉、奶等动物性食品中存留的氯霉素可以在一定程度上影响人们的健康，长期摄入这种元素，会导致病菌出现抗药性、机体正常菌群出现失调问题，致使人们容易出现各种疾病，因此对食品中残存氯霉素的检测就显得十分重要。

一、食物中残留氯霉素的来源

氯霉素类抗生素可以治疗和控制家禽、水产品、家畜等的传染性疾病，曾经广泛应用在畜牧业中，所以动物性食品中可能残留氯霉素。食品中存留的氯霉素会对人们的健康造成影响，不少国家都出台了禁止使用氯霉素类药物的相关法律法规。但是由于氯霉素价格低廉、效果好，不少企业仍在违规使用。

二、食品中氯霉素残留检测技术

（一）微生物检测技术

微生物检测技术主要包括两种形式：一是基于抗生素能够抑制微生物生长的特点来实施；二是基于发光微生物对氯霉素比较敏感，从而出现生化特性来实施。例如，鳉发光杆菌会受到氯霉素影响，抑制其发光作用，可以利用其发光强度来检测其内部的氯霉素含量。这种微生物方式具有容易操作、经济简便等特点，可以检测多种抗生素类药物，但是具有比较低的特异性和敏感性，不适合大批量检测，并且会出现假阳性的结果，导致出现错误判断。

（二）色谱检测技术

近年来，不断出现联用各种仪器设备的分析方式，促使色谱检测技术具有更加良好的检测分析能力，这种检测技术已经大量应用在检测各类食品的氯霉素存留中。目前，GB/T 22338—2008 标准规定的动物源性检测食品中残留氯霉素含量的液相色谱质谱和气相色谱质谱技术，比较适合使用在监测畜禽产品、水产品以及副产品中甲霉素、氯霉素等残留量检测的定量和定性分析中。除此之外，还有其他类型的色谱检测技术，例如在检测蜂蜜、牛奶、禽畜肉、奶粉等产品时使用的高效液相色谱串联质谱检测技术，在乳制品中检测氯霉素含量的高效液相色谱电喷雾离子检测技术等。色谱检测技术具有准确性高、灵敏度高等优势，但是在处理前期样品时，由于成本比较高、专业性强、操作复杂，不适合进行快速大批量检测。

（三）光谱检测技术

光谱检测技术主要是通过物质形成特征光谱来定量、定性分析。在检测食品中的残留氯霉素时，可以应用以下光谱技术，包括近红外光谱、紫外光谱、可见光谱等。实践表明，光谱检测方式具有成本低、操作方便等特点，但是具有低的选择性，并且近红外光谱检测方式需合理结合化学计量技术，以便于达到分解数据的目的，具有很强的专业性。

（四）快速检测技术

快速检测技术具有经济简便、快速灵敏的特点，比较适合应用在快速检测大量样品时，能够快速及时发现检测样品中存在的问题，在分析食品和药物、保护环境等方面具有一定作用和应用前景。

1.免疫速测技术

免疫检测技术是一种利用结合抗体和抗体特异性为基础的分析方式，主要包括固体免疫传感器、放射免疫法、酶联免疫吸附试验。相比较酶联免疫吸附试验，放射免疫法具有比较高的灵敏度，但是这种技术存在放射性污染，同位素半衰期短，会在一定程度上影响人们的健康和环境，所以，普遍使用的是酶联免疫吸附试验。酶联免疫吸附检测技术存在灵敏度高、特异性强以及操作简单等特点，可以进行批量检测，并且分析成本低以及仪器化程度低，是现阶段比较理想的一种检测氯霉素残留物的方式。酶联免疫吸附试验由于存在比较多的影响因素，很容易形成假阴性和假阳性结果。从理论上来说，样品中有类似于氯霉素的结构时，容易出现免疫交叉反应，促使形成假阳性结果，因此，可以使用这种技术检测阳性结果。该检测技术比较适合使用在大量样品筛选和现场监控中，具有良好的应用前景。

2. 传感器检测技术

检测氯霉素残留时，应用比较广泛的是化学传感器和生物传感器。

生物传感器是通过选择性识别生物活性物质来进行检测的，具有很强的特异性和灵敏度。依据不同的生物识别元件，可以把生物传感器分为免疫传感器、酶传感器以及微生物传感器等，其中最受关注的是免疫传感器。在快速检测氯霉素时，已经逐渐开始应用以适配体作为识别不同生物元件的适配体传感器，这种方式具备很好的选择性，其中氯霉素结构类似物不会影响 CAP 的结果，检测限制是 1.6 nmol/L。

化学传感器主要是通过电化学反应基本原理，把化学物质浓度变为电信号进行检测。利用金电极作为基本工作电极，选择检测电位，可以适当高选择性地检测氯霉素，检测限制是 $1.0\mu mol/L$。利用聚乙烯亚胺纳米金来合理修饰玻碳电极，能够检测牛乳中的氯霉素残留物，该方法具有 96.8% 的检测回收率，准确率可达 99%，检测每份样品的平均时间是 4 min。

分子印迹仿生传感器具有相对较高的特异性和灵敏度，检测限制是 2 nmol/L，在检测牛奶样品时具有 93.5% ~ 95.5% 的检测回收率。

3. 生物芯片检测技术

生物芯片检测技术是依据生物分子之间存在相互作用的特异性的原理，在芯片上集成生化分析过程，以达到快速检测蛋白质、细胞、生物活性成分的目的。生物芯片主要有蛋白质芯片、基因芯片、组织芯片、细胞芯片，具备灵敏度高、方法快速简单、重复性好的特点，比较适合使用在大规模检测磺胺二甲嘧啶和氯霉素中。悬浮芯片技术是新型的生物芯片检测技术，利用液相中悬浮的荧光微球进行检测，具有特异性很强、快速灵敏、高通量的特点。

随着分析检测水平的不断提高，逐渐出现了各种类型的残留氯霉素检测技术，主要发展方向是建立高选择性、高灵敏度的复杂仪器机制，开发自动智能、灵敏快速的检测技术。快速检测技术由于经济简便、成本低，适合使用在大批量样品检测中，已经得到广泛关注和重视，在分析残留氯霉素以及保护环境等方面具备一定应用前景。

第三章 食品计量检测仪器操作

第一节 简单玻璃加工操作和仪器装配

一、简易玻璃器件的加工

（一）玻璃管的截断

截断玻璃管，可将玻璃管放在桌上，用三角锉刀（或小细砂轮、碎瓷碗片的锋刃），在要切断处与玻璃管垂直单向锉细痕，不可用拉锯法来回锉。锉痕约为玻璃管周长的1/4即可。然后两手拇指略向后并稍向外轻拉，玻璃管即可整齐断开，把断面插入酒精灯外焰，边转动边加热，烧至发红后放置冷却，即可焰成光滑的管口。但不要加热时间太长，以防管口收缩。亦可用铁丝网用力打磨。截断玻璃棒与上述方法基本相同。切断粗玻璃管时，可用沾过水的玻璃刀或锉刀在要切断处锉出一圈细痕，然后用烧得白炽的玻璃棒一端压触细痕，即可产生裂纹，挪动位置再重复几次即可切断。或用喷灯的火焰尖端加热锉痕，并不停地转动玻璃管，待整圈锉痕处烧至微红时，用毛笔在锉痕上沾水，玻璃管即可切断。欲截断玻璃瓶，可先锉出一圈细痕，让瓶身横放，用细棉线在锉痕处缠几圈，吸足酒精、点燃棉线，并转动瓶身，燃毕，立即将瓶竖直插入冷水中至浸没锉痕，瓶子即可断开，如切不齐，则用锉或铁砂网磨削突出处，或沾水在废砂轮上磨平。

（二）玻璃管的弯曲

先把玻璃管放在弱火焰中预热，然后再在强火焰中加热，若玻璃管受热面积小，弯曲时会变瘪，为了增加玻璃管的受热面积，左右移动加热或在灯焰上套一个薄金属片制成的鱼尾形扩焰器（也叫鱼尾灯头），使玻璃管受热处达 3~5cm，加热时，两手手心向上平托玻璃管两端，并向同一方向不停地转动，两手转速要一致。当玻璃管受热部分烧红而且变软，但尚未自动变形时，离开火焰，两手向上向里轻托，并保持玻璃管在同一平面上，一次弯成所需要的角度，若两手转速不一致，或不在同一平面上则容易弯曲玻璃管。如要弯成小的角度，可分几次进行。但每次加热的中心应稍有移动，要特别注意的是，角度越小，玻璃管越要烧得软些，而且边弯曲边向管内吹气（管的一端预先封闭），但吹气不要过猛，否则被烧软的部位容易鼓泡。玻璃管弯好后，应放在木板或石棉网上冷却，不要骤冷，以防炸裂。

（三）玻璃管的拉细

两手手心相对，握住玻璃管，使玻璃管在灯焰上加热，并不停地以同一速度向同一方向转动，至玻璃管红热发强光，并充分软化时，离开火焰，两手均匀用力向左右拉伸，直到拉成所需细度，固定两手让玻璃管冷却，拉细时要注意整个玻璃管在同一直线上，粗细管有共同的中心。玻璃管拉好冷却后，按所需长度截断，即得两支尖嘴管。在管的粗端均匀加热至软化，然后垂直立于木板上向下轻压，可形成一圈稍向外突起的管口，或用锥形木棒或碳棒对准管口塞入即成喇叭口。玻璃管拉细后，套上胶头即成滴管。若不是特殊需要，不要拉成很细的玻璃管，以免折断溅飞，伤及眼睛。

（四）玻璃管口的封闭和扩大

将要封闭的一端烧熔，再用预热过的镊子将其拉成锥形，再在靠近封闭处截断，最后加热封闭处使熔合缩成圆头。为便闭合处端正圆滑，可离开火焰趁热向管内小心吹气，反复几次，管底即可整齐。此法也可用来修复破底试管。如要扩大管口，可将管口均匀加热（边加热边转动）至刚软化，然后离开火焰，用锥形木棒插入管口轻旋即成。

玻璃管的熔接。实验室中经常用到两端管径不同的玻璃管、T形管及Y形管，这类管件都是采用对接和侧接技术制成的。被接玻璃管的材料质量应相同，否则因热胀系数不同熔接处冷却时易断裂脱落。

侧接。欲熔接三通管，先取一玻璃管，封闭一端，在熔接处用强火焰尖烧熔，离开火焰后往管内吹气便形成薄玻璃泡，打碎玻璃泡（注意不要让碎屑四处飞扬，特别要保护眼睛），修理破口边缘成一圆孔。另取同一质料玻璃管，烧熔封口后也吹成玻璃泡，然后打碎玻璃泡，管口成喇叭状，同时均匀加热两根玻璃管的管口，玻璃熔化收缩到两口大小相等时，迅速将两圆口对准粘在一体，继续用强火加热熔接处，便两者充分熔合。由于熔料因张力而收缩，所以应向管内吹气（对接前吹气的玻璃管另一端也应封闭），使熔接处膨胀，反复若干次，使熔接处充分融合为一体，同时使厚薄均匀。经缓慢冷却（相当于退火）后，按需要长度切断烧圆断面即可。

对接法与侧接法基本相同。

二、仪器装配

装配简单仪器，常用的操作有塞子钻孔、玻璃管或温度计插入塞孔、玻璃管与胶管连接等。

（一）塞子打孔

常用的塞子有木塞（常用于有机反应）和橡皮塞（严密,但易被某些有机物溶胀）,其按大小编号。软木塞在打孔前应先用压塞机压紧压软。选择合适的塞子,以塞入瓶口或管1/2左右为宜。如用钻孔器给橡皮塞钻孔,钻孔器应选略粗于插入的玻璃管,给软木塞钻孔,钻孔器应选择细于要插入的玻璃管。钻孔时,应将塞子小头朝上置于木板上,用右手扶住孔的把柄,选好钻孔的位置,一直向下,边钻（顺时针方向转）边转至打通为止。刀刃处可沾点水或肥皂水,以减少摩擦。逆时针旋转,拔下钻孔器,捅出钻孔器中的残屑。为了使塞子两头钻孔都很圆整,也可由两面向中间各钻进一半,但这样做常难达到两孔恰好合一。

（二）向塞孔中插入玻璃管或温度计

向塞孔插入玻璃管或温度计时,插入一端沾少许水（如反应不允许有水,可涂甘油）,左手拿塞,右手拿管（靠近塞子一端）,慢慢旋入,一般至管头刚刚露出塞子即可。如果是弯管,切不可握住拐弯处作旋柄,以免玻璃管折断刺破手掌。玻璃管插入橡皮管时,橡皮管的口径要比管径略细一些。先湿润玻璃管口,然后稍用力即可插入,插入深度为15～20mm。向烧瓶或管口上塞塞子,可用左手捏住瓶,右手拿塞轻轻用力旋进。严禁把烧瓶立在桌上向下用力压塞。这样易把烧瓶压破。

检查装置气密性,要根据装置图的要求,选择适当的仪器。仪器零件的大小、比例要搭配适当,然后按顺序连接起来,并要检查整套装置的气密性。检查的方法是让整套仪器只在一端留有气体出口,将出口导管插入水面下,用手掌紧握烧瓶或试管导管口有气泡冒出,松开手掌,则管口有水柱形成,这些现象说明装置不漏气。否则应检查装置的各连接处,调整至不漏气为止。

第二节 玻璃仪器的洗涤

做实验必须用干净的玻璃仪器。洁净的仪器不仅能给学生以美感,而且还能培养爱整洁的习惯。使用不干净的仪器不仅影响美观,影响观察的清晰度,还可能因仪器污染引入杂质而影响实验的结果。做完实验后,应立刻把用过的仪器洗涤干净。玻璃仪器洗涤干净的标准:没有玷污的杂质、油脂及污垢,呈透明状。检查方法:在仪器中装满水后再倒出,器壁完全被水浸润,在器壁表面留下一层均匀的水膜。仪器用毕,即刻洗涤不但容易洗净,而且由于了解残渣污物的成因和性质,也便于找出处理残渣和洗涤污物的方法,避免有些药品残留在容器里,干后不易洗掉,也有利于培养学生善始善终的工作态度。洗涤仪器的方法很多,应根据实验的要求、污物的性质和玷污的程度来选择。一般来说，附着在仪器上的污物，有尘土和其他不溶性物质、可溶性物质、有机物质和油污。针对这些情况，可分别用下列方法洗涤。

一、水洗

一般情况下用试管刷刷洗附着在仪器上的尘土和其他不溶性物质，再用水洗则可以除去可溶于水的物质。这种方法最简便，但洗不掉油污和有机物质。应当注意洗涤时，不能用秃顶的毛刷，也不能用力过猛，否则会戳破容器。洗刷时，可把试管刷伸进容器（如试管）至刷顶毛接触容器底，手握住紧靠试管口外的刷把，或转动，或上下移动试管刷进行刷洗。不能用金属器具特别是铁器（如刀子、铁刷、铁丝等）或沙子等做工具除去玻璃器皿中的污垢。要求比较准确的实验，用自来水洗净后，必须用少量蒸馏水淋洗几次。

二、用肥皂或去污粉洗涤

器皿上有油污或有机物质，可用肥皂或去污粉刷洗，去污粉是由碳酸钠、白土、细沙等混合而成的，使用时首先把要洗的仪器用水湿润（水不能多），撒入少量去污粉，然后用毛刷擦洗。碳酸钠是一种碱性物质，具有强的去油污能力，而细沙的摩擦作用以及白土的吸附作用，则增强了对仪器的洗涤效果。待仪器的内外壁，都经过仔细的擦洗后，用自来水冲洗，最后用蒸馏水冲洗三次。如仍不净，可用热碱液洗涤，再用自来水、蒸馏水冲洗几次。对于定量精密玻璃仪器，一般不用去污粉洗涤。

三、用化学药剂洗涤

有时在玻璃仪器壁上生成一些难溶物，用水洗不掉，可选用适当的药剂工业品与其反应，生成易溶物，即可除去。例如，用浓盐酸可洗去附着在器壁上的二氧化锰、氢氧化铁、难溶的硫酸盐和碳酸盐等。用温热的稀硝酸可除掉"铜镜""银镜"，用硫代硫酸钠溶液可溶解难溶的盐，煮沸的石灰水可洗掉凝结在玻璃器壁上的硫酸钠或硫酸氢钠的固体残留。因此实验中有这两种物质生成时，就要在实验完毕后趁热倒出来，否则冷却后结成硬块，不容易洗去。煤焦油的污迹可用浓碱浸泡一段时间（约一天），再用水冲洗，蒸发皿和坩埚上的污迹可用浓硝酸或王水洗涤。

要洗净研钵，可以取少许食盐放在研钵中研磨，倒走食盐，再用水洗。用有机溶剂能够洗掉器皿上的油脂凡士林、碘、松香、石蜡等污物，常用的有机溶剂有乙醇、乙醚、丙酮、苯、汽油等，但使用时应注意节约和考虑是否值得。有机溶剂一般是易挥发且易燃的物质，应注意防火。

四、用洗液洗涤

洗液有多种，常用的洗液是浓硫酸和等体积饱和重铬酸钾溶液的混合液，具有较强的氧化能力。用洗液洗涤的仪器，一般用来进行较精确的实验。使用洗液前先用水洗。把水倒净后，注入少量洗液，使仪器倾斜并慢慢转动，待器壁全部被洗液浸润后，把洗液倒回原来瓶内，再用自来水冲洗掉器壁上残留的洗液，最后用蒸馏水冲洗 2～3 次。用洗液把仪器浸泡一段时间或者用热的洗液洗涤则效果更好。

因洗液造价较高，所以如果对实验要求不高，能用上述其他方法洗涤干净的仪器就不用洗液来洗。用过的洗液，可以重复使用，但洗液的颜色由原来的深棕色变为绿色后，说明洗液已失去洗涤能力。近年来有人用王水洗涤玻璃仪器，获得良好效果，但因王水不稳定，所以使用王水时应现用配制。

不论选用哪种洗涤方法，都应符合少量多次的原则，即每次用少量的洗涤剂洗涤，洗的次数多一些，而且在加入新的一份洗涤液以前应该让前一份洗涤液尽量流尽，这样既节约药品又能提高洗涤效果。洗净的仪器，不能用布或纸擦拭，以免留下纤维物玷污仪器。

第三节　常用仪器的干燥

一、常用仪器的干燥

在有些化学实验中，需要用干燥的仪器。因此在仪器洗净后还需进行干燥。仪器的干燥方法有热法（烘干、烤干）和不加热法（晾干和吹干、有机溶剂干燥）两种。

晾干洗净的仪器不急等用，可倒置于干燥处或仪器架上，任其自然晾干。用有机溶剂干燥带有刻度的计量仪器，不能用加热的方法进行干燥（会影响仪器的精密度）。这类仪器可用有机溶剂进行干燥。有些有机溶剂可以和水互相溶解（最常用的是酒精与丙酮按体积 1：1 混合）。在仪器中加入少量有机溶剂，把仪器倾斜或转动，器壁上的水即与溶剂混溶，然后倾出。最后残留在仪器内的溶剂很快挥发，水分被带走，从而使仪器得到干燥。如果再往仪器内吹入空气促使有机溶剂迅速挥发，则干燥得更快。

烘干洗净的仪器，有条件的可放在恒温箱内烘干，恒温箱温度可保持在 373K～393K。仪器放入前应先倒净水，放入时仪器口朝上，若箱口朝下（倒置后不稳的仪器则应平放），应在恒温箱的下层放一瓷盘承受从仪器上滴下的水珠，防止水滴在别的已烘干的仪器上，引起炸裂。同时也可防止水与电炉丝接触，以免损坏电炉丝。

厚壁仪器如量筒、吸滤瓶等不宜在烘箱中烘干，冷凝管也不宜烘干。分液漏斗和滴液漏斗必须在拔去塞子或活塞后方能入烘箱内烘干。

烤干烧杯或蒸发皿可置于石棉网上用灯火烤干，试管的干燥也常用此法。操作时试管要微微倾斜，管口向下，防止水珠倒流而炸裂试管，并不时地来回移动试管，烤到不见水珠后，再将试管口朝上，以便赶尽水气。许多化学实验需要在加热的条件下进行，有时需要高温，有时需要低温，还有的要恒温或连续加热或间断加热等，这就要根据实验要求选用热源。如果加热操作不当，不仅会导致实验失败，有时还会发生事故。因此加热操作的正确与否，关系到实验的成败和安全。中学化学实验中一般采用火焰直接加热和间接恒温加热两种类型。

二、常用的热源

化学实验中常用的热源有酒精灯、酒精喷灯、煤气灯和电炉。

（1）酒精灯

酒精灯由灯座、灯管、灯芯和灯帽四部分组成，其火焰外焰温度可达773K° 以上，是最常用的热源。酒精灯使用时应保持灯座内含有去容积的酒精，向灯壶内倾倒酒精必须通过漏斗，严禁向燃着的灯内添加酒精；点燃酒精灯前应调整灯芯高低，并使灯芯松紧适当，太紧影响酒精上吸，太松又容易从灯管中缩下去（很危险）；如发现灯口处有裂纹或有裂口，应立即停止使用，以防失火或爆炸；点燃酒精灯应用火柴或木条，禁止灯对灯点燃；熄灯时，绝不可用口吹，要用灯帽盖灭；为防止加热时灯焰摇摆、跳动，可罩上防风罩。防风罩可用金属纱网做成，也可用金属片做成，在下端要开有通气孔。酒精灯不用时要盖好灯帽，以防酒精蒸发后灯芯上残留水分太多，不易点燃。

（二）酒精喷灯

酒精喷灯火焰温度可达1273K° 以上，常用作高温反应或玻璃工操作的热源，常见的有座式和挂式两种。

座式喷灯使用前，应先加酒精至不超过灯座容积的2/3，然后旋紧灯座口盖。用探针检查喷射酒精蒸汽的细孔是否畅通。在预热盘内加酒精并点燃，片刻，灯管内酒精气化，由喷射口喷出，并在灯管口燃烧成焰；上下移动空气调节器，控制进入空气量，可调节火焰大小和温度高低。座式喷灯高温燃烧使用时间不宜过长（一般30～40分钟），以防灯座内酒精的温度太高而完全气化，使内压过大而爆裂；如灯座锈蚀或开焊，应停止使用；熄灭时，可用木块盖住灯管口，再用湿布蒙在灯座上，以降低酒精温度；旋松铜帽慢慢放出剩余蒸汽（不可拿下盖子，以防着火）。

挂式喷灯使用时，向酒精贮罐内加酒精至近满（如酒精中有不溶物应过滤，以免堵塞灯中细孔），挂在高处，位差大，酒精压强就大，相同情况下火焰越大，温度越高；

火焰大小可通过调节器调节。点燃前也应先通畅蒸汽喷口，再在预热盘上点燃酒精，扭开酒精贮罐下的开关，酒精即可流入预热盘，然后关闭调节器，当预热盘内的酒精将燃尽时，打开调节器，酒精在喷口处气化喷出，便可点燃（或用火柴管口点燃）。通过风门（有的喷灯空气进入量是固定的）和调节器可调整火焰温度。如预热不足，会喷出液体酒精，形成"火雨"，所以打开调节器时要特别小心，如果酒精未气化，应继续加热；喷灯用毕，关闭调节器，火即熄灭。挂式喷灯温度较高，使用时间较长，也比较安全。

（三）煤气灯

煤气灯灯焰温度可达 1773K° 以上，这种灯不仅可以获得高温，且使用方便。使用时，顺旋灯管至不能再旋为止，以关闭气门，旋开煤气龙头，在灯管上方约3cm~4cm 处点火。必须先开煤气后点火，若是先点火后放气，会有声响发生，煤气也易在灯管内燃烧，这样会使煤气出口烧坏或烧烫灯座。若有此种现象，应立即关闭煤气龙头，等冷却后旋闭空气进路，重新点燃。顺旋或逆旋灯座旁侧的螺旋（有的灯螺旋装在灯座下面）可调节煤气输出量的多少，以控制火焰的大小。逆旋灯管使空气由灯管下部各小孔内输入，至火焰层次分明呈蓝色时为止。空气门一般不能开太大，否则也会使火焰缩入灯管内。若火焰冲离灯管口，这是由于煤气和空气同时过多地进入灯管的缘故，应该立即调节使之恢复正常。

熄灭灯焰一定要关闭煤气龙头，切勿用调节螺旋来代替它，也不能吹灭。吹灭灯焰，只是终止燃烧，煤气仍继续放出。煤气不仅有毒，而且跟空气混合达到一定比例后容易发生爆炸，所以，熄灭时一定要立即关闭煤气龙头，这样才能保障安全。

（四）电炉

电炉是最方便的热源设备，电炉的种类规格很多，实验室内通常使用开放式和封闭式两种。封闭式外观看不到炉丝，使用较安全。使用电炉时，所有绝缘体部分都应完整无缺，以防漏电。电炉插头只能插在规定的插座上，如发生事故应先切断电源，用完后必须先切断电源再整理。

第四节　加热操作

能直接加热的器皿有试管、烧瓶、烧杯、蒸发皿等。给试管加热时，试管必须用试管夹夹住，试管夹应从管底往上套，夹在试管中上部，手握管夹长柄，拇指不要握在短柄上，试管内盛装液体的量不超过总体积。加热前擦干试管外壁，先均匀加热，再集中加热盛有液体的下部，并轻轻晃动试管。试管应跟桌面约成45° 倾斜，严禁管口对着他人。加热固体时应将试管固定在铁架台上，管口略向下倾，如果确定反应不产生水，药品也无湿存水时，也可让管口向上斜，加热时移动酒精灯，先均匀加热，再集中加热药品处，并按反应情况，逐渐由前向后移动灯焰。要用外焰给试管加热，严防灯芯触及试管壁。

一、给烧杯加热

给烧杯加热时，液体不得超过其容积的 2/3，以防止沸腾时溅出杯外。加热前擦干烧杯外壁，放在三脚架或铁架台铁圈的石棉网（或铁丝网）上加热，若不垫石棉网（或铁丝网）直接加热，由于受热不均，容易使烧杯破裂。

二、给烧瓶加热

烧瓶用烧瓶夹夹住瓶颈并固定在铁架台上。为使仪器底部受热均匀，加热时必须垫以石棉网或铁丝网。当液体加热到量很少时，应停止加热。温度很高的仪器不要立即用水洗或放在冷湿的桌子上。

三、给蒸发皿或玻璃片加热

蒸发皿是圆底敞口瓷器，常用于蒸发和浓缩液体。使用时放在铁圈或泥三角上，可进行直接加热。盛放液体不要超过其容积的 2/3。蒸发时应用玻璃棒不断搅拌。待蒸发到溶液近干时即应停止加热。利用余热继续蒸发，随即冷却结晶。如果蒸干后还继续加热，晶体会溅，甚至因高温而变质。移动热的蒸发皿可用预热过钳头的蒸发皿钳或坩埚钳，但钳夹不可触及药品。

有时为了证明液体中有固体溶质，可吸取一滴或几滴溶液于玻璃片上，用坩埚钳夹持，在酒精灯火焰上方 7、8cm 处加热，应注意不可让玻璃片触及火焰，以防炸裂。

四、给坩埚加热

加热时把坩埚放在泥三角上，用氧化焰灼烧，不要让还原焰接触坩埚底部，防止在坩埚底部结上黑炭，以致坩埚破裂。加热时先用小火烘烤坩埚，使坩埚受热均匀，然后加大火焰灼烧。如需要高温加热时，用坩埚盖压在火焰上部，使火焰反射到坩埚内，直接灼烧样品。夹取高温下的坩埚时，必须用干净的坩埚钳，先在火焰上预热一下钳的尖端，再夹取。坩埚钳应平放在桌上，尖端向上，保证坩埚钳尖端洁净。

五、水浴加热

为了保证被加热物质受热均匀或恒温，有时采用水浴、油浴、沙浴等间接加热方法。简单的水浴锅由金属制造，锅盖是一套由大到小的金属圈。使用时，锅内盛约容积 2/3 的水，取下几个金属圈，使被加热仪器正好坐上，锅下用灯加热。水浴加热的最高温度为 373K°，如长时间加热，需补充热水，注意被加热仪器不要触及锅底。自动控制的恒温水浴锅，使用起来更方便。简单的水浴锅也可以用烧杯代替。

六、油浴加热

温度可控制在 373K ~ 523K。用于油浴的液体有甘油、液状石蜡、硫酸、矿物油或植物油等。它们的极限加热温度各不相同（液状石蜡 493K，甘油 493K，硫酸 523K，矿物油 573K）。使用油浴要严防着火，当油冒浓烟时即停止加热。一旦着火，要先撤去热源及周围的易燃物，然后用石棉板盖住油浴锅口，火即熄灭。

油浴中应当悬挂温度计，以便随时调节灯焰控制温度。但温度计不要与锅接触，否则测温不准。加热完毕，容器及温度计提离油浴液面，待附着在容器外壁和温度计上的油流完后，用纸或干布擦净。

六、沙浴加热

要求加热温度更高时，可采用沙浴，一般可加热到 623K。沙不易传热，因此底部的沙层要薄一些，使之易于传热，但容器周围又要堆积得厚一些，使之易于保温，细沙要经炼烧去除有机杂质后再使用。若要测量温度，可把温度计插入砂中，但不要触及底盘。

第五节　称量操作与试剂的取用

一、称量方法的分类

（一）直接称量法

称物品前，先测定天平零点，然后把物品放在左盘中，在右盘上加砝码，使其平衡点与零点重合，此时砝码所示的质量就等于称量物的质量。

（二）固定质量称量法

这种方法是为了称取指定质量的试样，要求试样本身不吸水并在空气中性质稳定，如金属、矿石等。其步骤如下：先称容器（如表面皿）的质量，并记录平衡点。如指定称取 0.4 克时，在右边秤盘上放置 0.4 克砝码，在左边盘的容器中加入略少于 0.4 克的试样，然后轻轻振动牛角匙，使试样慢慢落入器皿中，直至平衡点与称量容器的平衡点刚好一致。

这种方法优点是称量计算简单，结果计算方便。因此，在工业生产分析中，广泛采用这种称量方法。

（三）递减称量法

这种方法称出样品的质量不要求固定数值，只需在要求的范围内即可。适于称取多份易吸水、易氧化或易与 CO_2 反应的物质。将此类物质盛在带盖的称量瓶中进行称量，因为既可防止吸潮和防尘，又便于称重操作。其步骤如下：在称量瓶中装适量试样（如果是经烘干的试样应放在干燥器中），用洁净的小纸条或塑料薄膜条，套在称量瓶上拿取，放在天平盘中，设其质量为 2 克。将称量瓶取出，并从右盘取出与要称得某一数量试样相等的砝码。在盛试样的容器上打开瓶盖，用称量瓶盖轻轻地敲击瓶的上部，使试样慢慢落入容器中，然后慢慢地将瓶竖起，用瓶盖敲瓶口上部，使粘在瓶上的试样落入瓶中，盖好盖子。再将称量瓶放回天平盘上称量，重复操作，直到倾出的试样质量达到要求为止。

二、试剂的取用

（一）固体药物的取用

（1）固体药品的取用规则：要用干净的药匙取用药品，用过的药匙必须洗净和擦干后才能使用，以免玷污试剂。取出药品后应立即盖紧瓶盖，并放回原处，以防盖错盖子，彼此引入杂质。称量或取用药品时，必须注意不要取得过多。多余的药品，不能倒回原瓶，可放在指定的容器中，供他人使用。一般的固体药品可以放在干净的纸或表面皿上，具有腐蚀性、强氧化性或易潮解的固体药品不能放在纸上，称量也应注意这一点。有毒药品要在教师指导下取用。

（2）往试管里装入固体粉末时，为避免药品沾在管口和管壁上，试管应倾斜，把盛有药品的药勺小心地送入试管底部，然后使试管直立起来，让药品全部落在底部。或将试管水平放置，把固体粉末放在折叠成槽状的纸条上，然后送入试管管底，取出纸条，将试管直立起来。

（3）块状固体药品（如钾、钠、白磷、大理石、石灰石、锌粒等）需先用镊子取出，注意镊子使用完以后要立刻用干净的纸擦拭干净，以备下次使用。把块状的药品或密度较大的金属颗粒放入试管中时，应该先把试管横放，再把药品或金属颗粒放入试管。

（二）液体药品的取用

从滴瓶中取用液体试剂时，滴管不能触及所使用的容器器壁，以免玷污。滴管放回原滴瓶时不要放错，不准用不洁净的滴管到试剂瓶中吸取药液，以免玷污试剂。

使用细口瓶中液体试剂时，先将瓶塞倒放在桌面上，防止弄脏。拿试剂瓶时应标签面向手心，以免洒失在瓶外的试剂腐蚀瓶签。倾倒试剂时，应使其沿着容器壁流入或沿着洁净的玻璃棒注入容器，取出所需量后，逐渐竖起瓶子，把瓶口剩余的一滴试剂碰到试管或烧杯中去，以免液滴顺着瓶子外壁流下。

（三）量筒和量杯的使用

它们的壁上都标有刻度，其容量按毫升计，小量筒刻度可精确到 0.1mL。因为量筒量杯上的刻度是在室温下核定的，所以热溶液必须待冷却至室温后再用量筒量取。量取液体时，应让量筒立于桌面上，待液体平稳后，观察液体的弯月面，使视线与弯月面的切线在一条水平线上，记下刻度读数。如果眼睛的位置偏高、偏低或量筒放置歪斜，所观察到的刻度会有较大的误差。

（四）滴管的使用

（1）吸取少量液体可用胶头滴管（简称滴管）。滴管又分两种，一种滴瓶滴管（兼做瓶塞）；一种为直管滴管。用滴管将液体滴入试管时，应用左手垂直地拿持试管，右手持滴管胶头，滴管下端应离试管口 1cm 左右，然后挤捏胶头，使液体滴入试管中。滴管用完后要立即放回原瓶。使用过程中，严禁滴管横置或向上放置，以免液体流入胶头内，滴管往试管中加入液体时，可以垂直加入，也可以倾斜滴入。同一滴管，垂直滴入的液体略小于倾斜滴入的液体。计算滴液量通常大约按 20 滴为 1mL 估算。

（2）移液管的使用。移液管也称吸量管，是一种中间粗、上下细的玻璃管，下端有尖嘴，上端有一圈刻度，管中所盛液体的液面（弯月面）底部与刻度痕相切时，放出液体的体积即为移液管所标的容积。一般一只移液管只能量一种容积。另一种无"大肚"的移液管，上面标有 5 或 10 等容积，有人也称此吸量管为刻度管。量取液体时，右手拇指食指和中指捏住移液管，将管的下端插入液面下 1cm，吸取过程中移液管可随液面下降而下伸，用移液管管口或用洗耳球（移取有毒或腐蚀性液体时必须用洗耳球）轻轻吸取液体，同时眼睛注意移液管中液面的位置，至液面高于刻度时，停止吸液，并立即用右手食指按住管口，管尖随即离开液面，让管外液体自然流下，然后微微放开食指，或轻轻转动移液管，使管内液面下降，直至液面与刻度线相切为止。将移液管插入准备接收液体的容器中，让容器倾斜，移液管直立，尖嘴接触接收容器的器壁，松开食指，让液体顺器壁流下。待液体停止流出后，再停靠 15s，取出移液管。

移液管尖端处尚留有一滴液体，无须把它吹出，因为在标定容量时将该滴扣除了。

（五）容量瓶使用

容量瓶主要用于配制一定体积的、物质的量浓度的溶液，使用时应先检查塞子是否严密。溶质的溶解应在烧杯中进行，待溶液冷至室温，用玻璃棒引流所需容积的溶液至容量瓶中（不要洒到外面）。用蒸馏水洗涤烧杯和玻璃棒三次，洗涤液要全部转入容量瓶中。然后向容量瓶中加蒸馏水至近刻度线，再用滴管逐滴加至刻度。塞紧并按住瓶塞，另一只手扶住瓶底，将容量瓶倒置，反复操作多次，使溶液充分混匀。将容量瓶放置片刻，让瓶颈内壁上的溶液流下，即配得一定浓度一定容积的溶液。

（六）滴定管的使用

滴定管主要用于容量分析，有时也用于精确量取液体。酸式滴定管端有磨口玻璃活塞，以控制液滴，碱式滴定管下端有一段橡皮管，管中堵一玻璃球（或一短玻璃柱），橡皮管下端接尖头玻璃管。使用时，拇指和食指向一边挤压玻璃球外面的橡皮管，使皮管与玻璃球之间形成一条缝隙，液体便滴下。常用的滴定管容积有 25mL 和 50mL 两种，刻度单位为毫升，读数时可估计至 0.01mL。另外还有棕色滴定管，用于盛见光易分解的液体。

滴定管使用前先要检查是否漏水，活塞转动是否灵活。若漏水，则要把活塞和活塞的内壁擦拭干净，然后涂一薄层凡士林，要防止凡士林堵塞流液的孔道。插入并旋转活塞使凡士林涂布均匀。为防止活塞脱落，可用橡皮筋系住。碱式滴定管漏水，则可能是因胶管老化变硬或玻璃球太小造成的，应更换。滴定管使用时，应先用少量欲装入的溶液润湿管壁一两次，洗过的液体由管下放出，以防管内残留的水分稀释了标准溶液。再将溶液加至零刻度以上，把滴定管垂直夹在滴定台（或铁架台）的滴定管夹上，从下端放出溶液赶走管内气泡（碱式滴定管赶气泡时，应使胶管以下玻璃管略向上翘起），使之充满液体，同时使液面降至刻度"0"处或者"0"以下，记下读数，滴至终点时，稍停片刻，再记下读数，两次读数之差即为滴定所耗溶液的体积，每次滴定的起始读数最好一致，以免因滴定管刻度不均匀造成误差。调节滴定管的活塞应用左手，让滴定管从拇指和食指间通过，拇指在活塞柄的一边，食指和中指在另一边捏住并转动活塞，无名指在下方抵住，这样操作可防止顶出活塞。为使读数刻度清晰，可在滴定管后衬一白纸。如溶液颜色太深，也可在弯月面下衬一条黑纸后再观察。

滴定管用完后，要按规定洗净，倒夹在滴定台上晾干。如放置长久不用，可把一张小纸条夹进活塞与塞鞘之间，以防两者粘在一起。

第六节　分离操作

在化学反应中为得到某一组分时需要分离，根据混合物中各成分的状态（气、液、固）和性质（是否互溶）不同，可采用不同的方法进行分离，常用的方法有倾泻法、分液法、离心分离法、蒸馏法、结晶法、过滤法、分馏法、升华法、萃取法、洗气法、干燥法等，不包括通过化学反应使物质分离的方法。如两种固体物质颗粒大小相差悬殊，而同种物质颗粒大小较均匀，可选择适宜孔目的筛子，过筛分离。如两种固体物质一种可溶、一种不溶，则可通过溶解，然后采用固液分离法，分离后，溶液浓缩结晶，收回固体。如两种固体均可溶，但溶解度不同，或温度对溶解度大小的影响不同，可根据情况，进行加热、溶解、蒸发、结晶、重结晶等过程，达到分离或提纯的目的。如两种固体物质熔点相差悬殊，可加热使低熔点物质熔化与高熔点物质形成两相，趁热进行分离，冷却后低熔点物质可再凝为固体。如两种固体中有一种易升华，可在烧杯中加热混合物，杯口放置一个充满冷水的蒸馏烧瓶，并使水流动以保持低温。混合物中易升华的成分受热变为蒸汽，蒸汽遇冷后凝为晶体附在容器壁上，待易升华成分全部升华后，停止加热和通入冷水，取下烧瓶把晶体刮下。

一、固液分离

（一）倾泻法

当沉淀的颗粒大、比重大，很容易沉降至容器底部时可用倾泻法分离，即把上部溶液倾倒至另一容器中，留下沉淀，然后在沉淀中加入少量洗涤液，充分搅拌，待沉淀沉降完全后，倾出洗涤液，如此重复二三遍，即可分离完全。

（二）过滤

这是固液分离最常用的方法，根据情况可采用常压过滤、减压过滤或加热过滤。

（1）常压过滤。常压过滤的主要仪器是三角漏斗，也叫普通漏斗（有长颈、短颈两种），漏斗口锥体为 60° 角，其规格按口径（cm）标记。过滤时取一张方形滤纸，对折两次，把滤纸边缘剪成弧形，然后打开使呈圆锥形（一边三层一边一层），让锥尖向下放入漏斗，使滤纸上沿低于漏斗口。将三层滤纸处外层撕掉一小角，即制成过滤器。将过滤器放在漏斗架上，调整好高度，并使滤纸紧贴漏斗内壁，用蒸馏水润湿滤纸。漏斗管尖应紧贴烧杯内壁，使滤液能顺烧杯壁流下。用倾泻法将盛混合物的烧杯嘴靠在稍微倾斜的玻璃棒上，把混合液转移至过滤器，玻璃棒下端贴近（不触及）过滤器的三层滤纸上，让液体沿玻璃棒流入过滤器，至液面略低于滤纸边缘，待液面下降后再续加液体,最后将沉淀转移至过滤器(如过早将沉淀转移至过滤器,会堵住滤纸孔隙,使过滤速度变慢)。如果滤液仍浑浊,应把滤液再过滤一次。

若沉淀需洗涤,可沿玻璃棒向沉淀中注入蒸馏水或其他溶剂至盖住沉淀,滤液滤下后如有必要,再重复操作。为了增大液体与滤纸的接触面积,以加快过滤速度,可把滤纸折叠成"菊花形"进行过滤。

(2)减压过滤。为了加快过滤速度,可采用减压过滤(也称真空过滤、抽滤、吸滤),即减小过滤器下方吸滤瓶内的压强。在过滤器上下压强差的作用下,使滤液加速。减压过滤所用的漏斗是瓷质的平底细孔漏斗,也叫布氏漏斗,使用时用一张略小于漏斗底的圆形滤纸,盖住漏斗底的小孔,漏斗管上套有胶塞,塞在吸滤瓶上(漏斗管的斜面应对着吸滤瓶的支管)。吸滤瓶是一种带支管的锥形瓶,壁厚耐压。吸滤瓶的支管与抽气泵相连(实验室常用抽气泵,叫抽气唧筒或叫过滤水泵,有玻璃质和铜质两种),连接在自来水龙头上,拧开水龙头,即可抽气,向漏斗中加少量水,同时开启水龙头,使滤纸紧贴在漏斗底部,然后把混合物均匀倾倒在滤纸上,开始抽滤。调节水流快慢,以控制抽劲大小。水流应适中。若水流过大,则抽劲过大会使固体微粒钻进滤纸,堵住滤纸空隙,反而使过滤减速,当吸滤瓶里滤液面升至靠近支管时,立即停止吸滤,倒出滤液。停止吸滤时,应先卸下吸滤瓶和吸气之间的橡皮管,然后关闭水龙头,否则水可能倒灌入吸滤瓶内。为此,常在吸滤瓶和抽气泵间连接一个双口瓶(或大口瓶配双孔塞),即可缓冲气压,又可防止水倒流。洗涤沉淀时,可加入少量洗涤剂,使液面盖住沉淀,待溶液开始下滴时,开始抽气并尽量抽干,如此重复几次即可把沉淀洗净。如需要沉淀,可取下漏斗,左手握住漏斗管,漏斗口朝下,用右手击左手,同时转动漏斗,使沉淀同滤纸一起落在洁净的纸片或表面皿上,抽去滤纸即可。

(3)加热过滤。有些浓溶液在温度降低时就有溶质析出,而我们又不希望这些溶质在过滤时析出,因此有必要趁热过滤,而且在过滤时要保温,否则溶质颗粒析在滤纸上和漏瓶管内,过滤就难顺利进行。加热过滤应用热滤漏斗,也叫保温漏斗。这种漏斗用金属制成,具有夹层和侧管,夹层可以盛水八成满,而侧管可以用来加热。把常压过滤用的过滤器置于热漏斗中,当热漏斗里的水近沸时,把要过滤的热混合物倒入漏斗内进行过滤,如果过滤的时间较长,漏斗内水会减少,应及时增加热水。

另外,热过滤选用的玻璃漏斗,漏斗管愈短愈好,以免过滤时溶液在漏斗管内停留过久,因析出晶体而发生堵塞。

(三)离心分离

如果要分离的混合物数量很少,而又要取其沉淀或溶液做性质实验,可用离心机在离心试管中分离。使用手摇离心机分离时,如只分离一支试管的内容物,就要另取一支同样的离心试管,装入等量水,分别放入离心机相对的两个套管中,以保持平衡。

然后慢慢启动离心机，均匀加速一两分钟后，停止摇动，任其慢慢自动停止，取出试管，用滴管吸取或倾出上层清液，即可达到固液分离的目的。要注意，使用手摇离心机时，不能用猛力启动，也不可强制快停，以免损坏离心机或发生危险。使用电动离心机时，先打在慢挡上，待均匀转动后，根据需要可再打在快挡上。需要停止时，关闭电源让其慢慢自动停止，切不可强行使其停止转动。

（四）沉淀的干燥

沉淀（或固体）的干燥是把含在沉淀中的微量水分除去，也属固液分离。常把盛沉淀的表面皿置于恒温干燥箱中烘干。也可把沉淀放在蒸发皿中，用微火烘干。注意控制好温度，以防沉淀在高温下变质。有些已干燥的固体药品，为要长时间保持干燥，可放在干燥器中。

（五）蒸发

蒸发就是在加热的条件下，使溶液蒸去溶剂，以提高浓度或析出溶质的一种操作。蒸发常用仪器是蒸发皿，蒸发皿的规格以口径 cm 表示。蒸发操作应注意以下几点：加入蒸发皿的液体不应超过蒸发皿容器的 2/3；蒸发皿可放在三脚架或铁架台的铁圈上直接加热；为防止加热后液体飞溅，应不断用玻璃棒搅拌。接近蒸干前应停止加热。最后利用余热把少量溶剂蒸发完；缓慢蒸发或恒温蒸发，可用水浴、油浴加热；取下未冷却的蒸发皿时应把它放在石棉网上，不要直接放在铁架台等较冷的地方，以防蒸发皿骤冷炸裂。

（六）结晶

物质从溶液里析出的过程叫结晶。加热溶液，由于溶剂蒸发而使其达到饱和，然后冷却下来，就有晶体析出。结晶操作应注意以下几点：冷却速度快慢直接影响晶体的大小，快速冷却结晶体小，缓慢冷却晶体就大；饱和程度的大小影响晶体的大小和形状，饱和程度大的溶液，结晶速度快，不但晶体小，而且形状不规则，饱和程度小的溶液，结晶速度慢，晶体大而规则；过饱和溶液形成后不易产生结晶，可采用加入"晶种"或用玻璃棒摩擦器壁或摇动容器等方法来诱导结晶；为提高纯度可进行重结晶。

三、液液分离

（一）分液

分液是把两种互不混溶的液体分开的操作分液要使用分液漏斗。分液漏斗有球形、筒形、梨形等多种，其规格用容积毫升数表示。漏斗口配有磨口玻璃塞，塞上有小孔或凹槽，转动玻璃塞让小孔与漏斗口壁上的小孔重合时，漏斗内外相通，压强相同，液体才能由漏斗管流下。分离液体时，先关闭活塞，把混合液加入漏斗，待两种液体分层、界面清晰时，打开活塞，则比重大的液体沿漏斗管流下，至刚好界面降至活塞时，关闭活塞，从而达到两液分离的目的。

（二）蒸馏操作

蒸馏是根据各组分挥发性的不同以提纯物质和分离混合物的一种方法，在化学实验和化工生产中经常采用。实验室里常压蒸馏装置，由蒸馏烧瓶、温度计、冷凝管、接引管（接液管）、锥形瓶等组成。蒸馏操作应注意以下几点：蒸馏烧瓶内液体的量不得超过烧瓶球体容量的2/3，但也不能少于1/3；温度计应插入瓶中央部分，其水银球上限与支管下限在同一水平线上；烧杯支管应伸出塞子2cm ~ 3cm，防止被蒸液体腐蚀塞子引入杂质；冷凝管由下端进水、上端出水，上端出水口向上使冷凝管内保持水满；接引管与冷凝管用塞子相连接，接引管下口伸入锥形瓶中，使其与大气相通；加热蒸馏烧瓶应垫石棉网，使之受热均匀；仪器的选择大小应合适，装配后应使仪器的轴线在同一平面内，以保持协调整齐，增加美感；加料时，应通过漏斗，漏斗管应插入蒸馏烧瓶的支管口以下；加热前应先检查气密性，通入冷却水后再开始加热；若没有温度要求时，加热温度不宜太高；蒸馏至液体少于烧瓶球体容量的1/3 时应停止加热；蒸馏结束时应先停火，再停水。拆卸仪器应与装置仪器的顺序相反，先拆下接收器，再卸下冷凝管，最后取下蒸馏烧瓶。

（三）分馏

通过加热把几种能够互相混溶而沸点不同的液体分开的方法叫分馏。分馏是利用每一种液体在一定压力下有固定的沸点而设计的。将塞子与烧瓶连接，分馏柱的侧管与冷凝器相接，分馏柱上口插温度计，温度计的水银球亦稍低于侧管口，分馏柱中分上下若干段，每段内都可进行蒸汽和液体的热量交换，使液体中低沸点物质气化，蒸汽中的高沸点物质液化，所以，由烧瓶中上升的蒸汽，每上升一段即进行一次蒸馏，经过多次蒸馏，最后进入冷凝器的是纯的低沸点组分，当低沸点组分蒸馏完后，温度计指示沸点上升，则又可馏出较高沸点的组分。以此类推，最后留在瓶内的液体是较纯的最高沸点组分。

（四）萃取

利用不同物质在选定溶剂中溶解度的不同，以分离混合物的方法叫作萃取。用溶剂分离液体混合物叫液液萃取或溶剂萃取。习惯上萃取指液液萃取。例如，欲从溴水中萃取溴，可选汽油作溶剂（萃取剂），因溴易溶于汽油，而水又难溶于汽油。操作时，把分液漏斗活塞关闭，再将溴水加进分液漏斗，再加入少量汽油，把漏斗上口的玻璃塞塞紧，左手握住活塞，右手压紧玻璃塞，倒转过来用力上下摇动几次，将分液漏斗放正，稍停，打开活塞，放出因摇动而产生的气体，最后由于汽油溴水充水接触，几乎全部溶于汽油。静止，待两种液体有明显界面时，分液除去下层的水，将上层溴的汽油溶液从分液漏斗口倒出。让溶液中的汽油挥发掉（应回收），即可得到溴。

四、气液分离

气液混合物是以液体为溶剂、气体为溶质的溶液，只要设法减小气体的溶解度，使其放出，即能达到分离之目的。减小气体物质溶解度的方法有，升高温度，使气体放出，此操作类似于蒸馏，只不过逸出的气体不需要冷凝收集。减小压强，使溶解的气体因外界压强减小而逸出。如果有的溶剂沸点也较低，或混合物易燃，则可进行低温减压蒸馏。

五、气气分离

气气分离，在实验室中通常是指对气体进行净化和干燥。净化气体的仪器是洗气瓶。洗气瓶中根据要净化的气体和洗去的气体性质，选择适当的洗涤液（洗涤液应不与要净化的气体反应，但能除去杂质气体），装入的洗涤液要适量。要注意进出气管不要接反。如果气体里含有多种杂质，可在气体通路中连接若干洗气瓶，分别装有不同洗涤剂，气体通过后，逐一除去各种杂质气体。

气体的干燥实际也是净化，其杂质是水分，因此也可以用洗气瓶，用浓硫酸做干燥剂。另外还常用干燥塔和干燥管来干燥气体。干燥塔下端底座一侧有气体入口，底座上部有细颈。细颈上部供堆放大小适当的颗粒干燥剂，塔上部有气体出口。为了防止气体中有固体杂质混进干燥剂中，以及把干燥剂的细粒带进干燥后的气体中，在气体进出口处可塞一团脱脂棉或玻璃棉，以过滤掉固体尘粒。干燥剂的选择要注意，必须不与被干燥的气体发生反应。常用的固体干燥剂为碱石灰、无水氯化钙等。干燥管的单球或双球中盛放固体干燥剂，它的特点是使用方便。

六、温度计、比重计、干燥器

（一）温度计

温度计可用来测定物体温度高低，在中学化学实验中一般用两种：一是水银温度计，二是酒精温度计。用右手的拇指，食指和中指夹住温度计的顶端，把它插在液体里，勿使温度计的球部全部浸没在液体里，但勿与器壁接触。待温度不再变动时，读出读数。

测量加热液体温度，应把温度计用单孔塞固定在铁架台上，或悬挂在液体中，水银球应浸入液体，但要离开容器底约 1cm 左右。蒸馏时温度计应放置在烧瓶支管口处。

（二）比重计

比重计是用来测定液体的密度（比重）的仪器，也叫波美比重计，一般分两类：

用于测量密度大于 1 的液体称为重表，用于测量密度小于 1 的液体称为轻表。比重计上有两套对应的刻度，一套表示比重，一套表示波美浓度（表示溶液浓度的一种方式，用° Bé 作符号），例如：在 15° Bé 时，比重 M4 的浓硫酸的波美浓度是 66° Bé。溶液的波美浓度与百分浓度间常有一定的关系，测得波美浓度后，就可以从表册中查得相应的百分浓度。测定密度时，在量筒等容器中注入待测液体，将干燥的比重计慢慢地放入液体中，以防打破比重计；比重计不能与筒壁接触。待稳定后读数。液体下面所显示的度数，即为液体比重。测量完毕后，用水将比重计冲洗干净，并用布擦干，放回比重计盒内。

（三）干燥器

干燥器是保持物品干燥的仪器。容器上沿磨口与盖子磨口上涂有凡士林，容器的底部供放氯化钙或硅胶等干燥剂，中部有一个带孔的圆形瓷板，盛放被干燥物的容器。

使用时应注意下列几点：搬动时，必须用两手的大拇指将盖子按住，以防滑落打碎；打开时，不应把盖子往上提，而应把盖子沿水平方向推动。盖子应翻过来放在桌子上，放入或取出物品后，必须将盖子立即盖好，盖时也应沿水平方向推移，使盖子与容器口密合；温度高的物体，必须待冷却至室温后，方可放入。否则，由于干燥器内气体膨胀，有可能将盖子冲起或冷却后又因器内形成负压使盖子难以打开。干燥剂使用一段时间后，经加热脱水后，可再继续使用。

第四章 食品一般成分的检测

第一节 食品中水分的测定方法

一、直接干燥法

（1）原理。食品中的水分一般是指在（100±5）℃直接干燥的情况下，所失去物质的总量。食品中的水分在（100±5）℃下，受热后产生的蒸气压高于空气在电热干燥箱中的分压，使食品中的水分蒸发出来，根据试样前后所减失的质量来计算水分含量。

（2）仪器。①铝制或玻璃制扁形称量瓶：内径60mm~70mm，高35mm以下。②电热恒温干燥箱。

（3）试剂。①盐酸（1+1）：量取100mL盐酸（分析纯，浓度为36%~38%，密度为1.19g/mL），加水稀释至200mL。②氢氧化钠溶液（240g/L）：称取24g氢氧化钠，加水溶解并稀释至100mL。③海沙：取用水洗去泥土的海沙或河沙，先用盐酸（1+1）煮沸0.5h，用水洗至中性，再用氢氧化钠溶液（240g/L）煮沸0.5h，用水至中性，经105℃干燥备用。

（4）操作方法。①固体试样。取铝制或玻璃制的腕形称量瓶，置于（100±5）℃恒温干燥箱内，瓶盖斜支于瓶边，干燥0.5~1.0h，取出放好，置干燥器内冷却0.5h，称量，并重复干燥称量。称取2.00~10.00g切碎或磨细的试样，放入此称量瓶中，试样厚度约为5mm。加盖，精密称量后，置（100±5）℃恒温干燥箱中，瓶盖斜支于瓶边，干燥2~4h后，盖好取出，放入干燥器内冷却0.5h后称量。然后再放入（100±5）℃恒温干燥箱内干燥1h左右，取出，放入干燥器内冷却0.5h后再称量。②半固体或液体试样。取洁净的蒸发皿，内加10.00g海沙及一根小玻璃棒，置于（100±5）℃恒温干燥粮中，干燥0.5~1.0h后取出，放入干燥器内冷却0.5h后称量，并重复干燥至恒量。然后精密称取5.00~10.00g试样，置于蒸发皿中，用小玻璃棒搅匀放在沸水浴上蒸干，并随时搅拌，擦去皿底的水滴，置（100±5）℃恒温干燥器中干燥4h后盖好取出，放入干燥器内冷却 0.5h 后称量；然后再放入（100±5）℃恒温干燥箱中干燥 1h 左右，取出，放入干燥器内冷却 0.5h 后再称量。至前后两次质量差不超过 2mg，即为恒量。

二、减压干燥法

（1）原理。当降低大气中空气分压时水的沸点会降低。因此，根据此原理将某些不宜于在高温下干燥的食品置于一个低压的环境中，使食品中的水分在较低的温度下蒸发，根据试样干燥前后的质量之差，来计算食品中水分含量。

（2）仪器。①真空干燥箱；②其他仪器同直接干燥法。

（3）操作方法。①试样的制备。粉末和结晶试样直接称取；硬糖果经乳钵粉碎；软糖用刀片切碎，混合备用。（2）测定。准确称取 2.00~10.00g 试样烘至恒量的称量瓶中，放入真空干燥箱内，将干燥箱连接水泵或真空泵，抽出干燥箱内空气至所需压力，并同时加热至所需温度（60±5）℃。关闭水泵或真空泵上的活塞，停止抽气，使干燥箱内保持一定的温度和压力，经 4h 后，打开活塞，使空气经干燥装置缓缓通入至于烘箱内，待压力恢复正常后再打开。取出称量瓶，放入干燥器中 0.5h 后称量，并重复以上操作至恒量。

（4）说明及注意事项。①本法适用于胶状、高温易分解及水分较多的食品水分含量的测定，如淀粉制品、豆制品、罐头食品、蜂蜜、蔬菜、水果、味精、油脂等。由于采用较低的蒸发温度，可防止含脂肪高的试样脂肪在高温下氧化；可防止食糖高的试样在高温下脱水炭化；也可防止含高温易分解成分的试样在高温下分解。②真空干燥器内的各部位温度均匀，干燥时间短时，更应严格控制。③减压干燥时，应干燥箱内压力降至规定真空值时计算烘干时间。一般每次烘干为 2h，但有的试样需烘干 5h。恒量一般以减量不超过 0.5mg 时为标准，但对受热后易分解的试样可以不超过 1~3mg。④本法一般选择比力为 45~50kPa，选择温度为 50℃~60℃。但实际应用时可根据试样性质及干燥器耐压能力调整压力和温度，如 AOAC 法中咖啡为 3.3kPa 和 98℃~100℃；奶粉 13.3kPa 和 100℃；干果 13.3kPa 和 70℃；坚果和坚果制品 13.3kPa 和 95℃~100℃；糖和蜂蜜 67kPa 和 60℃等。

三、卡尔·费休法

（1）原理。卡尔·费休法是一种以滴定法测定食品中水分的化学分析方法，可测定食品中微量水分含量。

卡尔·费休法测定水分的原理基于 I_2 氧化 SO_2 时，需要有定量的水参与氧化还原反应。卡尔·费休法试剂的有效浓度取决于碘的浓度。新配制的试剂，由于各种不稳定因素，其有效浓度会不断降低，这是由于试剂中各组分本身也含有水分。因此，新配制的卡尔·费休试剂，混合后须放置一定的时间后才能使用，而每次使用之前都应标定。通常用纯水作为标准物标定卡尔·费休试剂，以碘（I_2）为自身指示剂，试液中有水分存在时，显淡黄色，随着水分的减少在接近终点时显琥珀色，当刚出现微弱的黄棕色时，即为滴定终点，棕色表示有过量的碘存在。这种方法适用于含有 6% 或更多水分的试样，所产生的误差并不大。当测定试样中的微量水分或测定深色试样时，最好采用 XX 指示电极安培滴定法，又称永停滴定法。试验表明，卡尔·费休法测定糖果试样的水分，等于干燥法测定水分加工干燥法烘过的试样再用卡尔·费休法测定的残留的水分。此法可以测出其结合水，也就是说，用该法所测得的结果更能反映出试样的总水分含量。

（2）仪器。①KF-1 型水分测定仪或卡尔·费休水分测定仪；②注射管：10μl 注射器。

（3）试剂。①无水甲醇：要求其含水量在 0.05% 以下。制法：量取甲醇约 200mL 量于干燥器底烧瓶中，加光洁镁条 15g 与碘 0.5g，接上冷凝装置，冷凝器的顶端和接收器支管上要装上氯化钙干燥管，当加热回流至金属镁开始转变为白色絮状的甲醇镁时，再加入乙醇 800。②碘：将碘于硫酸干燥器内干燥 48h 以上。③无水硫酸钠。④硫酸。

（4）操作方法。对于固体试样（如糖果），必须预先经过均匀粉碎，视各种试样含水量不同。一般被测定试样含水量 20~40mg，将 0.3~0.5g 试样置于称样瓶中。滴定至电流指针偏转与标定时相当并保持不变时，打开加料口迅速将称好的试样加到反应器中，旋即塞上橡皮塞，使试样搅拌至试样中水分被甲醇所萃取，用卡尔·费休试剂滴定至终点并保持不变，记录试剂的用量。

（5）说明及注意事项。①本法为 AOAC 的办法，于 1977 年首次通过。本方法适用于奶油巧克力、人造奶油、糖果包衣、乳粉、炼乳、香料及除碱性或氧化试样以外的油脂试样以及糖蜜等食品中水分的测定。②卡尔·费休法为测定食品中微量水分的方法，如果食品中含有氧化剂、还原剂、碱性氧化物、氢氧化物、碳酸盐、硼酸等，都会与卡尔·费休试剂所含的组分起反应，干扰测定，如维生素 C 等试样不能测定。③试样细度为 40 目，最好用粉碎机处理。不能用研磨器，以防水分损失，但粉碎试样时使试样含水量均匀是获得测定水分准确性的关键。

第二节 灰分的测定

一、概述

（一）灰分的概念

食品经高温灼烧后所遗留的无机物称为灰分，其成分主要是钾、钠、钙、铁、硅、磷等元素的氧化物或无机盐。

食品灰化后，残留物与食品中原有的无机物并不相同，有些无机物可能会挥发散失（无机物中的部分氯），而某些有机组分，如碳则可能经一系列变化而形成了无机盐——碳酸钠。因此严格说来应把灼烧后的残留物叫粗灰分。

（二）灰分的分类

灰分有水溶性灰分与水不溶性灰分。水溶性灰分大部分为钾、钠、钙、镁等化合物及可溶性盐类；水不溶性灰分除泥沙外，还有铁、铝等金属氧化物和碱土金属的碱式磷酸盐。水不溶性灰分分为酸溶性灰分和酸不溶性灰分。酸不溶性灰分大部分为泥沙，包括存在食品中的二氧化硅。

二、灰分的测定原理

把一定量的样品经炭化后放入高温炉内灼烧，使有机物质被氧化分解，以二氧化碳、氮的氧化物及水等形式逸出，而无机物质以硫酸盐、磷酸盐、碳酸盐、物的重氯化物等无机盐和金属氧化物的形式残留下来，这些残留物即为灰分，称量残留量即可计算出样品中总灰分的含量。

三、灰分含量测定关键点的分析

（一）坩埚的处理

将坩埚用盐酸（1：4）煮 1~2h，洗净晾干后，用坩埚专用笔在坩埚外壁及坩埚盖子上写上编号（一套坩埚及盖子统一编号），置于事先恒温至 550℃的高温炉中灼烧一小时，移置炉口冷却到 200℃左右后，再移入干燥器中，冷却至室温后，准确称量，再放入高温炉内灼烧 30min，取出冷却称重，直至恒重（两次称量之差不超过 0.5mg）。

（二）样品的预处理

样品炭化时一定要小火缓慢进行，只允许发烟不准起火，以免被火焰带走试样中的灰分，而影响测定的结果。也不允许样品有喷溅现象，否则造成结果不准确。由此可见，对于不同的样品，样品的预处理显得格外重要。

对于各种样品应取多少克应根据样品种类而定，另外对于一些不能直接进行灰化的样品需要进行预处理才能再灰化。液体样品需先在水浴上蒸干湿样，不能用高温炉直接灰化，否则样品沸腾会飞溅，使样品损失，影响检验结果。含水分多的样品应先在干燥箱内干燥，富含脂肪的样品则需准确称取制备均匀的试样，先提取脂肪，再将残留物移入已知重量的坩埚中，进行炭化。对含糖、蛋白质、淀粉的样品在炭化前加几滴植物油，防止发泡。对水分含量较少的固体试样，取适量粉碎均匀的试样于已称取重量的坩埚中直接进行炭化。

（三）样品的炭化

样品炭化的目的是防止灼烧时因温度高试样中的水分急剧蒸发使试样飞扬而损失，避免含糖、蛋白质、淀粉量多的易发泡膨胀的样品在高温下发泡膨胀而溢出坩埚，不经炭化而直接灰化，碳粒易被包住，灰化不完全。

样品的炭化是样品放入高温炉之前的必要前提，将样品均匀地放在坩埚内，置于电炉上缓慢加热至不再冒烟为止。因为灰化条件是将试样放入达到规定温度的高温炉内，如果不经炭化直接将试样放入，则试样会急剧灼烧，一部分灰分将飞散，造成检验结果偏低，如粉丝等。此外，有些样品会因高温发生膨胀而溢出坩埚，致使此次检验失败，如砂糖等。

样品灰化后应成灰白色，个别样品比较难灰化，灰化后依然呈黑色，没有灰化完全，为了使样品达到完全灰化，可添加硝酸、过氧化氢、碳酸铵等助灰剂，这类物质在灼烧后完全消失，不增加残灰的重量，但可起到加速灰化的作用。例如，灰分中杂有炭微粒，样品冷却后逐滴加入硝酸（1：1）溶液4~5滴，以加速灰化。

（四）灼烧温度及灰化时间

在测定样品的灰分时，应根据样品的标准要求设定灼烧温度。如果温度过高，磷酸盐融化，使灰分熔融黏结在坩埚上，凝结为固体物质，包围住其中的炭粒不易氧化。此外，由于过高的温度，钾、钠、氯等的氧化物也能挥发而损失，致使测得的结果偏低。如果温度过低，会使灰化速度慢，时间长，且样品不能完全灰化，测得的结果会偏高。

对于灰化的时间一般无具体规定，针对试样和灰化的颜色，一般灰化到无色（灰白色），无碳粒存在并达到恒重为止。通常根据经验灰化一定时间后，观察一次残灰的颜色，以确定第一次取出的时间，取出后冷却称重，再放入高温炉中灼烧，直至达恒重。灰化的时间过长，就会产生损失，一般样品灰化需要2~5h。有些样品即使灰化完全，颜色也达不到灰白色，如铁含量高的样品，残灰蓝褐色，锰、铜含量高的食品残灰蓝绿色，所以根据样品不同来看灰化后样品的颜色。

（五）坩埚的取出

坩埚从高温炉中取出时，要放在炉口停留片刻，使坩埚冷却，防止因温度骤变而使坩埚破裂。灼烧后的坩埚应冷却到200℃以下再移入干燥器中，否则因热的对流作用，易造成残灰飞散，冷却的速度也慢。如若放入干燥器中，干燥器内形成较大真空，盖子不宜打开。

食品中除含有大量的有机物质外，还含有较丰富的无机成分，这些无机成分维持人体的正常生理功能，在构成人体组织方面有十分重要的作用。

在食品检验中，灰分是用来评定食品是否卫生、有没有污染、判断食品是否掺假、评价营养的参考指标。测定灰分具有十分重要的意义，只有完全掌握了灰分含量测定的关键点，才能得到具有准确性、权威性的检验结果。

第三节　酸度测定

一、食品中的酸味物质及其功能

（一）食品中常见的酸味物质

食品中的酸味物质，主要是溶于水的一些有机酸和无机酸。

在果蔬及其制品中，以苹果酸、柠檬酸、酒石酸、琥珀酸和醋酸为主；在肉、鱼类食品中则以乳酸为主。此外，还有一些无机酸，像盐酸、磷酸等。这些酸味物质，有的是食品中的天然成分，像葡萄中的酒石酸，苹果中的苹果酸；有的是人为地加进去的，像配制型饮料中加入的柠檬酸；还有的是在发酵中产生的，像酸牛奶中的乳酸。

（二）食品中酸味物质的功能

酸在食品中主要有以下三个方面的作用。

（1）显味剂。不论是哪种途径得到的酸味物质，都是食品重要的显味剂，对食品的风味有很大的影响。其中大多数的有机酸具有很浓的水果香味，能刺激食欲，促进消化，有机酸在维持人体体液酸碱平衡方面起着重要的作用。

（2）保持颜色稳定。食品中的酸味物质的存在，即 pH 值的高低，对保持食品颜色的稳定性，也起着一定的作用。在水果加工过程中，如果加酸降低介质的 pH 值，可抑制水果的酶促褐度；选用 pH 6.5 ~ 7.2 的沸水热烫蔬菜，能很好地保持绿色蔬菜特有的鲜绿色。

（3）防腐作用。酸味物质在食品中还能起到一定的防腐作用。当食品的 pH 值小于 2.5 时，一般除霉菌外，大部分微生物的生长都受到了抑制；若将醋酸的浓度控制在 6% 时，可有效地抑制腐败菌的生长。

二、酸度的概念

食品中的酸度通常用总酸度（滴定酸度）、有效酸度、挥发酸度来表示。总酸度是指食品中所有酸性物质的总量，包括已离解的酸浓度和未离解的酸浓度，采用标准碱液来滴定，并以样品中主要代表酸的百分含量表示。

有效酸度是指样品中呈离子状态的氢离子的浓度（严格地讲是活度），用 pH 计进行测定，用 pH 值表示。

挥发性酸度是指食品中易挥发部分的有机酸，如乙酸、甲酸等，可用直接或间接法进行测定。

三、酸度测定的意义

测定酸度可判断果蔬的成熟程度。不同种类的水果和蔬菜，酸的含量因成熟度、生长条件而异，一般成熟度越高，酸的含量越低。例如，测出葡萄所含的有机酸中苹果酸高于酒石酸时，说明葡萄还未成熟，因为成熟的葡萄含大量的酒石酸。又如番茄在成熟过程中，总酸度从绿熟期的 0.94% 下降到完熟期的 0.64%，同时糖的含量增加，糖酸比增大，具有良好的口感。故通过对酸度的测定可判断原料的成熟度。

测定酸度可判断食品的新鲜程度。例如，新鲜牛奶中的乳酸含量过高，说明牛奶已腐败变质；水果制品中有游离的半乳糖醛酸，说明受到霉烂水果的污染。

酸度反映了食品的质量指标。食品中有机酸含量的多少，直接影响食品的风味、色泽、稳定性和品质的高低。同时，酸的测定对微生物发酵过程具有一定的指导意义。例如，酒和酒精生产中，对麦芽汁、发酵液、酒曲等的酸度都有一定的要求。发酵制品中的酒、啤酒及酱油、食醋等中的酸也是一个重要的质量指标。

第四节　脂肪测定

多数食品中都含有脂肪，脂肪能给人们提供能量，是人们日常生活中必须摄入的营养物质。过多的摄入脂肪会使人长胖，影响人体健康，因此脂肪也被列为食品营养成分表中必须标明的营养成分之一。为了提高检验效率，要选择更高效和准确的检验方法。本节对国家标准 GB 5009.6-2016 中的脂肪测定方法进行了分析和探讨，给出一些意见和建议。

一、索氏提取法

（一）原理

试样经前处理后，置于索式提取管中，利用乙醚或石油醚在水浴中加热回流抽提，使试样中的脂肪进入溶剂中，经蒸发回收后干燥所得到的残留物，即为脂肪（粗脂肪）。

（二）方法分析

采用这种方法可测出游离态脂，此外还含有磷脂、色素、蜡状物、挥发油与糖脂等物质，所以用索氏提取法测得的脂肪为粗脂肪。索氏提取法适用于脂类含量较高、结合态脂类含量较少、能烘干磨细且不宜吸湿结块的样品的测定。此法只能测定游离态脂肪，而结合态脂肪无法测出，要想测出结合态脂肪，需在一定条件下水解后使其成为游离态脂肪。此法是常用方法，由于操作步骤相对较少，操作过程中样品损失较少，大多数样品检测结果相对比较精确和可靠。但是提取时间较长，对无水乙醚和石油醚（30℃～60℃）等溶剂的消耗比较大。这种方法比较适宜固体、游离脂肪含量较高的样品。

（三）索氏提取法注意事项

首先称取试样至滤纸筒中。折叠滤纸筒的方法：用滤纸包裹住比色管（根据提取筒内径的大小选择合适的比色管），折叠好，再用细棉绳把纸筒轻轻捆绑好即可。然后把固体样品或处理好的半固体和液体样品直接置于滤纸筒中（肉类制品及淀粉类制品需先经过酸水解并干燥后再提取），把滤纸筒装入索氏提取器的抽提筒内。

安装好索氏提取器后，向接收瓶中加入无水乙醚或石油醚（30℃～60℃），此时应注意所加入的抽提试剂量，标准中给出的方法是"至瓶内容积的2/3处"。在检验中需使用大小不同的接收瓶，而有的接收瓶大，有的接收瓶小，用量太多会浪费试剂，回收试剂效果差，也会污染环境；用量太少又无法达到抽提效果，加入抽提筒容量的3倍即可。

开始加热回流提取，由于索氏提取器采用的是虹吸原理，因此需要控制回流提取的速度，一般抽提速度控制在 6～8 次 /h，抽提 6～10h。控制抽提速度的简单方法是观察抽提筒中试剂滴入接收瓶中的速度为 2 滴 /s 左右。

最后是回流抽提完毕后回收试剂，接收瓶水浴蒸干、称重。

二、酸水解法

（一）原理

试样经盐酸加热水解后，结合态脂肪游离出来，再使用乙醚或石油醚提取脂肪，除去溶剂，干燥后称量，提取物即为游离态及结合态脂肪的总量。

（二）方法分析

此法适用范围较为广泛，适用于各类食品中脂肪的测定，对于固体、半固体、黏稠液体或液体食品，特别是加工后的混合食品，容易吸湿、结块，不易烘干的食品，用此法效果较好。

（三）酸水解法的说明与讨论

固体试样称取前要粉碎、混合均匀，且称取量不宜过多，否则试样容易消化不彻底，一般试样称取约2g，加水8mL；液体试样混合均匀后，称取约10g，然后再加10mL盐酸，可直接将称取的试样放入50mL或100mL比色管中，减少操作步骤，避免试样转移过程中的损失；而且在消化过程中塞上比色管塞，还可以防止水分蒸发，避免造成酸液浓度增高。

置于70℃~80℃水浴中，消化至无块状碳粒。如果消化不完全，结合态脂肪无法完全游离出来，会使检测结果偏低。消化结束加入10mL乙醇，可促使蛋白质沉淀凝结，表面张力降低，促进脂肪结合的同时，溶解有机酸和碳水化合物等。

直接使用比色管和GB 5009.6-2016中的提取方法有一些操作上的差别。待试样冷却后可以直接加入25 mL的无水乙醚，加塞振摇1min，小心开塞，放出气体，把塞子上的脂肪小心用乙醚洗入比色管中。然后继续下一步骤，这时有两种方法建议，一种是按照GB 5009.6-2016中的方法静置后提取；另一种是采用离心的方法提取。GB 5009.6-2016的方法这里不具体说明。具体说明一下离心方法，把试样全部转移至100mL离心管中，再用少量无水乙醚把比色管中的脂肪洗入离心管，以4000 r·min^{-1}的转速离心5min，将上清液吸出，置于已恒重的锥形瓶中，再加入5mL无水乙醚，振摇，以同样转速再次离心5min，吸出上清液，置于同一锥形瓶中。用离心法可以使溶液分离得更彻底，避免乳化现象，分层效果更好，并且节约了试验时间。最后将锥形瓶置于水浴环境下中使有机溶剂挥发近干，再进行干燥，恒重。

三、碱水解法

（一）原理

用无水乙醚和石油醚提取经过氨水碱水解后的试样，去除溶剂，测得试样的脂肪含量。

（二）方法分析

适用于婴幼儿配方食品和乳粉及各类乳制品。

（三）碱酸水解法的说明与讨论

称取试样后，需把试样冲洗入抽脂瓶小球内，并充分混合均匀。不同类试样按相应的前处理方法处理后，加入氨水进行碱水解。

碱水解完毕冷却后，加入乙醇，缓和但彻底混合，加入刚果红，使后续操作中液面分层时，液体分界面清晰。再分别加入乙醚和石油醚，轻轻振摇，注意避免乳化。将其离心或静置，直到上层液澄清，液面分界清晰。在操作中应注意用混合溶剂把瓶塞和瓶颈的脂肪冲洗入瓶中。如果液面分界线低于抽脂瓶的小球和瓶身分界线，应沿瓶壁缓缓加入少量水，使液面高于小球和瓶身分界线，以便倾倒。

将上层清液倒入或吸入锥形瓶中，应避免倒出或吸出水层。重复以上提取步骤，提取 3 次，并合并上层清液于锥形瓶中。在提取中应防止溶剂溅出抽脂瓶外，造成溶剂损失，而影响检测结果。同时取 10mL 水代替试样做空白试验，步骤与试验提取步骤一致。水浴蒸干溶剂，并放入干燥箱恒重。

四、盖勃法

（一）原理

在乳及乳制品中加入浓硫酸，破坏其中乳糖和蛋白质等非脂成分，将乳中的酪蛋白钙盐转变成可溶性的重硫酸酪蛋白，使脂肪球膜被破坏，脂肪游离出来，再利用加热离心，使脂肪完全、迅速分离出来，上层透明层即为脂肪层，可直接得到脂肪含量，即为被测乳的含脂率。

（二）方法分析

适用于鲜乳及液态乳制品脂肪的测定。此方法易使糖焦化，对含糖多的乳品（如甜炼乳、加糖乳粉等）的测定结果误差较大，故不适宜。此法操作简便、迅速，对大多数样品来说测定精度可满足要求。

（三）盖勃法的说明与讨论

虽然该法操作较为简单，但是还是有些需要注意的操作点。首先，硫酸最好不要用 100% 浓硫酸，否则试样容易焦化，离心后无法分离脂肪，可以用质量分数为 90% 左右的浓硫酸。然后沿管壁轻轻缓慢加入试样，注意此时一定不要和硫酸混合。

加入异戊醇后，塞上橡皮塞，尽量塞紧塞子，瓶口朝下，带上纱手套用布包裹住，防止烫手及硫酸溢出，用力振摇成均匀的棕色液体，如果为黑色焦化液体，说明试样已经焦化，试验失败，需重新稀释浓硫酸后再进行试验。此时应观察液面是否在刻度线以上，如果没有达到刻度线，应加入少量水，使液面至刻度线内可读脂肪刻度的位置，摇匀后瓶朝下静置几分钟。

置水浴中水浴，水浴液面要高于乳脂即脂肪层，再放入乳脂离心机中离心，温度会对读数有影响，因此取出应立即读数，此读数即为脂肪的百分数。

测定乳粉中脂肪时，可以精确称取约 1g 的乳粉，用 10mL 水完全溶解，其余按此方法进行操作，计算公式为：奶粉中的脂肪含量 =(盖勃读数 ×11)/ 试样质量。

目前在食品脂肪的检验中，有很多方法可以选择，为了保证食品检验的质量，需要依据不同试样的特点、特性选择不同的检验方法，保证食品脂肪检验的准确性和高效性。在检验中不断摸索，对比不同检测结果的准确性和不确定度，改进检验方法，提高检验效率。总之，食品中脂肪检验是基于检验结果准确性的前提下，再不断改进和不断完善。

第五节 蛋白质的测定

蛋白质作为一种相对繁杂的生物大分子类型，基本组成单位是氨基酸，包括碳氢氧氮硫等化学元素，甚至存在碘、磷、铁等元素。其为生物体细胞的基本组成环节，在细胞的功能以及结构中发挥巨大的作用。并且蛋白质为食品的主要成分，能够为机体的生存提供氨基酸物质，存在一定的产能价值。新时期下，食品中蛋白质的测定方法已引起诸多人们的关注，传统的蛋白质测定方法存在一定不足，因此怎样改进食品中蛋白质测定方法是国家发展的一项内容。

一、食品中蛋白质的基本特征

（一）黏度

溶液存有的黏度呈现其给予流动的阻力，蛋白质黏度不只能够保证食品中的营养成分，还可以给人们提供优质的口感，包括控制食品的成分结晶以及制约冰晶的生长等，对蛋白质黏度产生影响作用的主要是溶液中蛋白质分子的直径，取决于蛋白质和溶剂以及蛋白质和蛋白质的作用程度，换言之，日常加工的方式包括高温以及无机离子的存在等，有可能影响到蛋白质的黏度。

（二）乳化特点

蛋白质存在的乳化特点，主要是两种或者两种以上的不相容液体，尤其是油与水，在机械的搅拌处理以及引进乳化液的情况下，形成乳浊液。部分天然的食品，包括蛋黄与奶油和牛奶等，这些都是乳状液种类的产品。影响到蛋白质乳化特征的因素有离子强度、低分子量、蛋白质种类以及温度等，并且检测蛋白质乳化特征的方式包括乳化能力以及乳状液的稳定性方式等。

二、蛋白质的沉淀

（一）蛋白质沉淀原因

蛋白质沉淀，即蛋白质从溶液中析出的现象，之所以会发生沉淀，主要原因一是蛋白质有水化膜，二是蛋白质带有电荷。故当这两个因素被破坏时，蛋白质就会从溶液中析出来，从而产生沉淀。在蛋白质水溶液中，加入如硫酸铵、氯化钠、硫酸钠等高浓度的强电解质盐，这样就会使蛋白质从溶液中析出，破坏了蛋白质的水化膜，并且中和了表面的净电荷，也就是盐析。低浓度的盐溶液加入蛋白质溶液中，会导致蛋白质溶解度增加，称为盐溶。

（二）蛋白质变性

蛋白质的特定空间构象，在某些物理和化学因素作用下发生改变，导致蛋白质的理化性质发生改变，丧失生物活性，这就是蛋白质的变性。

（三）蛋白质呈色反应

在蛋白质分子中，具有芳香环的氨基酸（如酪氨酸、色氨酸等）残基上的苯环经硝酸作用，可生成黄色的硝基化合物，在碱性条件下生成物可转变为橘黄色的硝醌衍生物。

（四）灼烧蛋白质发出烧焦羽毛的气味

因为蛋白质主要是由氨基酸组成，含较多的氮元素，灼烧会产生氨类物质，产生一种多环芳烃和硫化氢的混合气体的味道，即烧焦羽毛的气味。

三、各类方法优缺点比较

（一）凯氏定氮法

1. 测定原理

在催化加热条件下，食品中的蛋白质被分解，分解后的产物氨与硫酸结合生成硫酸铵。碱化蒸馏使氨游离，用硼酸吸收游离氨后以硫酸或盐酸标准滴定溶液滴定，根据酸的消耗量乘以换算系数，即为蛋白质的含量。凯氏定氮法是测定化合物或混合物中总氮量的一种方法。在有催化剂的条件下，用浓硫酸消化样品将有机氮都转变成无机铵盐，然后在碱性条件下将铵盐转化为氨，随水蒸气馏出并被过量的酸液吸收，再以标准碱滴定，根据标准溶液的消耗量计算出样品中的氮量。

2. 优缺点分析

优点：①测定结果相对准确，重现性好，在国内各大检验机构中比较普及；②灵敏度低、干扰少，适用于 0.2 ~ 1.0mg 氮，误差为 ±2%。

缺点：①一般测定时间为 8 ~ 10h，费时且试剂消耗量大；②有局限性，即难以把有机物定量转变成氨，特别是含有硝酸盐的样品会影响总氮的结果，影响测定准确性。由于凯氏定氮法的重现性较好，即便其消化时间长，目前国内各大检验机构仍然主要采用常规凯氏定氮法。原因在于先进的蛋白质测定仪价格昂贵，且需专门试剂，目前尚难普及。然而，就检验时效而言，凯氏定氮法确实越来越难以满足目前市场的要求，故应当从改进凯氏定氮法消化时间方面进行技术方面的改进。目前已有相关文献对凯氏定氮法的消化过程进行改进：用过氧化氢 - 硫酸混合液为消化试剂，加液方式由一次性加入改为定时定量、逐滴缓慢加入，取代了凯氏定氮法复杂的消化体系和操作步骤，使反应更加充分、快速。因此，显著缩短了消化时间，是常规消化法消化时间的 1/12。样品经快速消化法消化后，其粗蛋白含量测定结果与常规消化法基本一致。说明快速消化法不仅消化效果完全、可靠，而且省时、快速，尤其适合于大批量蛋白质的测定分析。

（二）分光光度法

1. 测定原理

在催化加热条件下，食品中的蛋白质被分解，产生的氨与硫酸结合生成硫酸铵，其在 pH 4.8 的乙酸钠 - 乙酸缓冲溶液中与乙酰丙酮和甲醛反应生成黄色的 3,5- 二乙酰 -2,6- 二甲基 -1,4- 二氢化吡啶化合物。在波长 400nm 下测定化合物吸光度值，将其与标准系列进行比较定量，结果乘以换算系数，即为蛋白质含量。

2. 优缺点分析

优点：①简化了操作，省去了蒸馏、滴定的步骤，使用常见的分光光度计，便于广泛推广应用，为蛋白质的测定提供了凯氏定氮法的简化方法；②消化时间相对较短，所用消化设备简便、常用，易于推广测量，灵敏度高、快速，方便低浓度蛋白质含量可检测。本法采用硫酸铵作为铵离子标准溶液，避免引入其他杂质。

缺点：易受溶液中杂质的影响、干扰因素较多，存在潜在的偏差，标准曲线不易绘制精确。

（三）燃烧法

1. 测定原理

试样在 900℃ ~ 1200℃ 高温下燃烧，燃烧过程中产生混合气体，氮氧化物被全部还原成氮气，其中的碳、硫等干扰气体和盐类被吸收管吸收，形成的氮气气流通过热导检测仪（TCD）进行检测。

2. 优缺点分析

优点：①操作简便，检测周期短，检测样品无须消化，自动进样，5 ~ 8min 即可完成一个样品的检测；②检测数据误差更低，由于凯氏定氮法与燃烧法在实验原理上的不同，在实际检测中，同个样品用两种方法检测有时会出现不同的结果，而且实验发现燃烧法检测出来的数据略高于凯氏定氮法；燃烧法能够将样品中的氮元素全部检测出来，以动物性蛋白样品为例，凯氏法只能测定出其中的有机氮，而燃烧法可以测出有机氮和无机氮；③检测过程少污染，蛋白质燃烧法检测过程中不产生有毒有害物质，清洁、环保。

缺点：①对于不均匀的复杂样品分析难度较大，样品需要确保研磨均匀而且要较细颗粒，否则易出现燃烧不完全的情况，进而影响后续的检测结果；②仪器耗材消耗快，仪器昂贵，检测成本高，在净化过程中，燃烧过程中产生的混合气体会被适当的吸收剂除去。这些吸收剂在大批量的样品检测中有较大的消耗量，需经常更换。而且燃烧法中用到的仪器杜马斯定氮仪本身价格较为昂贵，因此限制了这一方法的推广和应用。

（四）双缩脲法（Biuret 法）

1. 测定原理

双缩脲法是一个可以用于鉴定蛋白质的分析方法。双缩脲试剂是碱性的含铜试液，由 1% 氢氧化钾、几滴 1% 硫酸铜和酒石酸钾钠配制，呈蓝色。当底物中含有肽键（多肽）时，试液中的铜与多肽配位，生成的配合物呈紫色。在紫外可见光谱中的波长为 540nm，可通过比色法分析浓度。检测反应的灵敏度为 5 ~ 160mg/mL。

2. 优缺点分析

优点：较快速，不同的蛋白质产生颜色的深浅相近，干扰物质较少。

缺点：灵敏度差，因此双缩脲法常用于快速，但并不需要十分精确的蛋白质测定。

蛋白质的检测方法各有优缺点，检验检测机构应该结合本单位实际，选用符合本单位的检验检测方法去进行相关检测工作。

四、食品中蛋白质测定方法的改进措施

检测食品中蛋白质的具体含量为食品检验的关键流程，传统的检测方法便是凯氏定氮法，此种方式存在使用范围大，且检测精确高的优势，然而需要建立在消解以及蒸馏法操作基础之上，也就是说样本的测定流程比较繁杂，需要耗费大量的时间和精力。具体如下：首先收取三种食品测定样本，任何一个样本在取样之前应经过混合处理，之后取得 2g 食品放在定氮瓶中；其次相继加入硫酸铜与硫酸钾以及硫酸，计量大小为 0.2g、6g、20mL，加热到样本被碳化消解，加大火力，在样本呈现蓝绿色溶液之后，加热大约 45min ；再次把样本进行防冷处理，加入三级水 20mL，转移到容量瓶里，

定容处理准备测定。最后安装氮蒸馏设置，加入适量的硫酸和乙醇，保证检测装置中持续沸腾状态。在完全蒸馏之后，卸下接收瓶，按照盐酸的标准测定溶液，达到蛋白质的测定目标。

改进蛋白质含量的测定方法，主要是分光光度测定思路。操作流程如下：收取食品样本大约 0.5g 放在定氮瓶中，和传统方法一样加入硫酸铜与硫酸钾以及硫酸，计量大小为 0.2g、6g、20mL，加热到样本被碳化消解，加大火力，在样本呈现蓝绿色溶液之后，加热大约 30min。其次把样本进行防冷处理，加入三级水 20mL，转移到容量瓶里，定容处理准备测定，添加氢氧化钠促使溶液呈现黄色，添加乙酸等到溶液呈现无色之后定容。再次把样本放在比色管中，按照顺序添加缓冲溶液以及显色剂，加水稀释完成均匀处理环节。在比色管冷却时测定吸光数值，结合每一种氨氮的使用标准溶液数值制定相应的曲线，测定蛋白质的含量。

凯氏定氮法为传统的蛋白质含量检测方法，在多年的实践中获得一定成效。而因为此种方式操作流程过多，耗费的时间过长，所以要在此基础上进行完善和改进。分光光度法的使用和凯氏定氮法基本相同，然而样本溶液制作以及蛋白质含量的检验较于传统方法简便，可以更好地保证蛋白质含量检测质量，所以食品中蛋白质含量的测定最好使用改进之后的分光光度法，节约测定的时间和精力，为食品安全性提供本质性保障。

综上所述，开展食品中蛋白质测定方法的改进研究课题具有十分重要的现实意义和价值，蛋白质的测定方法不仅影响到食品质量检测的效率，还决定着食品对人类身体存有的营养作用，所以国家要重点研究蛋白质测定方法，思考传统测定方法存在的不足，构建全新的蛋白质测定体系，推动食品行业的进展。

第六节　氨基酸的测定

一、氨基酸在人体中的作用

构成人体最基本的物质主要有蛋白质、碳水化合物等。生命的产生至消亡，无一不与蛋白质有关。正如恩格斯所说："蛋白质是生命的物质基础，生命是蛋白质存在的一种形式。"如果人体内缺少蛋白质，会导致体质下降，发育迟缓，甚至形成水肿、危及生命。

人体所需的氨基酸约有 22 多种，其中有 9 种是人体不能合成的，必须由食物中提供，叫作"必需氨基酸"，包括色氨酸、赖氨酸、苏氨酸、缬氨酸、蛋氨酸、亮氨酸、异亮氨酸、苯丙氨酸和组氨酸，而其他 13 种则是"非必需氨基酸"。如果人体缺乏任何一种必需氨基酸，都可导致生理功能异常，甚至导致疾病。同样，如果人体内缺乏某些非必需氨基酸，也会产生抗体代谢障碍。因此，氨基酸在人体中的存在，不仅提供了合成蛋白质的重要原料，而且对于促进生长，进行正常代谢维持生命提供了物质基础。

二、在食物营养中的地位和作用

（1）蛋白质在机体内的消化和吸收是通过氨基酸来完成的。相关研究表明，蛋白质在人体内是不能直接被利用的，而是在多种消化酶的作用下，分解为低分子的多肽或氨基酸后被人体吸收并合成自身所需的蛋白质。因此，人体对蛋白质的需要实际上是对氨基酸的需要。

（2）起氮平衡作用。我们常说的总氮平衡，实际上就是蛋白质和氨基酸之间不断合成与分解之间的平衡。一般来说，正常人每日摄取的蛋白质数量应保持在一定的范围内，若突然大幅度增减，则会超出机体调节能力，破坏平衡机制。如不及时纠正，将会对人体健康造成极大的危害。

（3）转变为糖或脂肪。氨基酸分解代谢所产生的 α - 酮酸，可再合成新的氨基酸，或转变为脂肪和糖，或进入三羧循环氧化分解成二氧化碳和水，并放出能量。

（4）参与构成激素、酶和部分维生素。含氮激素的主要成分是蛋白质或其衍生物，酶是由氨基酸分子构成的，而大部分维生素则是由氨基酸转变或与蛋白质结合后存在。因此，激素、酶和维生素在调节生理机能、催化代谢过程中均起着十分重要的作用。

三、氨基酸在医疗、保健方面的应用

氨基酸在医药上主要用来制备复方氨基酸输液，也用作治疗药物和合成多肽药物。目前，用作药物的氨基酸有一百多种，其中谷氨酸、精氨酸等氨基酸可单独作用治疗一些疾病，如肝病、心脑血管、呼吸道等方面的疾病。此外，在人体日常膳食中，我们应合理摄取蛋白质，可有效改善人体的抗疲劳能力。

特别是对于老年人，每人每日应该摄取更多数量的优质蛋白，如植物类蛋白质，其含有大量黏体蛋白质，具有预防心血管疾病，防止动脉粥样硬化，降低血胆固醇，调解血糖等作用。

四、氨基酸含量的测定方法

（1）氨基酸含量测定的经典方法。测定氨基酸总量的经典方法有甲醛滴定法和茚三酮比色法。其中甲醛滴定法使用最多，主要包括单指示剂甲醛滴定法和双指示剂甲醛滴定法。前一种方法操作便捷，试剂较易获得，但分析结果的准确度不高；后一种虽准确度较高，但操作复杂，不利于现场快速检测。

茚三酮比色法也是使用较多的一种方法。即在加热条件下，氨基酸或肽与茚三酮反应生成紫色（与脯氨酸反应生成黄色）化合物的反应。此法操作简便，但试剂易失效，且耗时较长。夏静和罗守仅通过对影响茶叶中氨基酸测定的提取参数进行正交实验，改进了氨基酸的提取方法，获得了较为稳定的结果，有效地节约了提取时间。通过验证发现，此提取法同样适用于氨基酸组分的测定。

目前，国家标准检测食品中的氨基酸，是采用先将食品中蛋白质经盐酸水解成为游离氨基酸，经氨基酸分析仪的离子交换柱分离后，与茚三酮溶液产生颜色反应，再通过分光光度计比色测定氨基酸含量。

（2）目前常用的氨基酸检测方法。人们在传统测定方法的基础上又改进并开发了多种新方法。

氨基酸自动分析仪法是利用先进的仪器进行组分测定的方法。该法在测定茶氨酸含量时所用的钠盐洗脱缓冲液的价格便宜，而且国内有售，其分析结果可满足一般检测工作，缺点是需采用二次分离，且不能分离检测出包括谷氨酰胺、天门冬酰胺在内的酰胺类物质。目前，在中国市场上销售的氨基酸分析仪主要有两种，分别由日本的日立公司和英国的安玛西亚公司生产。王宝瑾、张金龙等人分别使用上述两种仪器，对同一样品在不同的实验室进行氨基酸分析对比，结果表明两种仪器检测值不存在显著差异。总地来说，氨基酸自动分析仪法结果准确、快速，但是仪器比较昂贵，试剂消耗较大。许有诚、费善芬等采用氨基酸分析仪、茚三酮柱后衍生法测定口服水解蛋白液中各种氨基酸的含量，通过精密度试验、重复性试验、方法稳定性试验以及回收率试验后，对样品中氨基酸含量进行测定，实验结果证明各种氨基酸峰面积对浓度的线性关系良好，精密度、重复性、稳定性、回收率均达到要求，方法可靠，结果准确。

生理体液法。根据夏静，李布青的试验报道，采用生理体液改进程序，在氨基酸自动分析仪上测定茶叶中游离氨基酸，不仅分离检测出28种氨基酸，而且很好地分离了茶氨酸和谷氨酰胺。但是此法试剂昂贵，检测过程中手续较烦琐，适用于有特殊需要的科研课题。

高效液相色谱法，常采用邻苯二甲醛作为荧光衍生化试剂，此法反应快速，但其在缺乏氧化剂的情况下不能与一级氨基酸反应，且衍生化产物不稳定。

氨基酸及一些营养素，它们不仅在机体内具有各自的营养功能，还在代谢过程中密切联系，共同参加、调节生命活动。因此，氨基酸在食品中的应用具有广阔的发展前景，并能有效地推动我国食品加工业的发展。

第七节 碳水化合物测定

当代分析仪器发展的方向是高速、高灵敏度、高精确度、自动化和省力。在色谱法领域中,在 20 世纪 60 年代后半期,气相色谱法理论的应用使柱色谱法得到了显著发展,而柱色谱中开发的技术和方法又被薄层色谱法和液相色谱法所采用,从而使色谱法的功能大大提高,应用领域日益扩大。为了把这些现代色谱法和过去的方法相区别,把它们称为高效色谱法。高效色谱法的建立,使色谱法在分析化学中的地位得到了提高。如今,色谱法在分析组成复杂的物质和多组分混合物时,是极为重要的分析方法。应用色谱法的目的是进行定量分析和单个分离出纯物质。实际上,研究者可根据分析目的,采用气相色谱法、液相色谱法和薄层谱法中的一种或相互联用之。在气相谱法中,分析对象仅限柱温 350℃ 以下可以气化的物质 (最大分子量不超过 1000)。而在液相色谱法和薄层色谱法中,所有可溶于流动相的物质均可作为分析对象。由于气相色谱和液相色谱在高效、简便、快速方面倍受分析工作者推崇,使用较为广泛,而薄层色谱则因分析时间较长,定量精确度觉差而作为高效液相色谱预实验方法。在气相色谱法中填充柱的理论塔板数为 1000 ～ 2000 塔板 /m, 柱长一般用 2 ～ 3m。高效液相色谱仪的理论塔板数为 20000 ～ 60000 塔板 /m, 柱长一般用 15 ～ 30cm。

"糖"常是食品的添加剂,碳水化合物具有比"糖"更广泛的意义。目前,在生物化学中常把糖类这个词作为碳水化合物的同义词。一般,糖类化合物包括单糖及其衍生物、寡糖 (2 ～ 10 个单糖组成的低聚糖)、多糖、复合多糖和糖苷类。高效液相色谱是分离、鉴定糖类化合物极其有效的方法,现已发展常规的检测方法,气相色谱法也已作为常规糖类分析方法用于分析可挥发的糖类衍生物。以下将对近年来国内色谱法在测定碳水化合物方面的应用作一综述。

一、糖类的气相色谱法测定

（一）植物中可溶性非淀粉多糖的测定

1. 色谱仪及色谱法分析

日本岛津 GC-14A 气相色谱分析仪,FID 检测器。岛津 OV-1701 石英毛细管柱,其规格为 25m × 3mm, 起始柱温 195℃ , 升温速度 8℃ /min, 最后温度升至 255℃ ；检测器温度 25℃ , 汽化室温度为 210℃ , 分流比 1 ： 20, 载气 N_2, 进样量 0.8mL。

2. 样品的水解及衍生化

取经预处理、除去淀粉及游离糖的样品溶液 1mL 放入 8mL 带螺帽玻璃试管中,加入 4mL 无水乙醇，充分振摇，离心弃掉上层清液，剩余物用 N_2 吹干，加入 1mL、2mol/L 的三氟乙酸，加热到 125℃，使样品全部水解，冷至室温，加入 0.1mL 内标物 (阿珞糖 500mg/L) 并在混合物液中加 0.2mL 无水乙醇和 1 滴 3mol/L NH_4OH, 再加入新制的 $NaBH_4$, 放置于 40℃水浴中，加冰醋酸分解过量的 $NaBH_4$。加入 0.5mL 1- 甲咪唑和 5mL 乙酸酐反应 10min, 然后加入 1mL 无水乙醇静置 10min, 分两次加入 10mL 7.5mol/L KOH, 溶液分为两层，用少量乙酸乙酯提取有机层 2 ~ 3 次且合并。有机层用 N_2 吹干，所得糖醇乙酸酯可直接进行气相色谱分析。

（二）微生物发酵液中低聚糖的测定

1. 色谱仪及色谱分析条件

SP2308 气相色谱仪，FID 检测器。大口径毛细管柱 OV-101 柱温：130℃ ~ 330℃，升温速度：15℃/min；检测气化室温度：300℃；分流比：1 ：5；空气 400mL/min, 氢气 30mL/min, 载气 (N_2)15mL/min, 尾吹 2mL/min；进样量 0.1μl。

2. 样品的衍生化

将样品用真空干燥箱在 50℃下烘干。称取一定量样品（<10mg）放入带胶塞的密闭小瓶内，用 1mL 注射器吸取 1mL 无水吡啶将其与样品混合，超声波振荡 30s；加入六甲基二硅胺和三甲基氯硅烷 (V ： V=2 ： 1) 的混合液 0.3mL 及 N,O- 双甲基氯硅烷三氟乙酰胺 0.15mL, 超声波振荡 30s；在 75 ~ 80℃的水浴中加热 3min, 室温下静置 15min, 即得三甲基硅烷醚衍生物，可供气相色谱分析用。

二、糖类的高效液相色谱法测定

（一）正相色谱内标法测定发酵液中的蔗果低聚糖

1. 色谱仪及色谱分析条件

美国 Beckman332 型效小液相色谱仪，日本岛津 RID-6A 示差折光检测器，A4700 色谱工站，YWG-NH2 柱 4.6mm i.d×300mm, 流动相，乙氰水 (75 ： 25), 流速 1.0mL/min, 进样量 20mL。

2. 内标溶液及样品的制备

内标溶液：准确称取麦芽糖 5.000g, 用 20mL 蒸馏水溶解后定容至 50mL。样品溶液：准确称取 5.000 ~ 10.000g 糖浆，用蒸馏水稀释定容至 50mL。精确称量取此溶液 2.0mL 加入 1.0mL 上述已配制好的内标液，混匀，用蒸馏水定容至 10mL。

3. 标准曲线的制作

准确称取果糖、葡萄糖、蔗糖各 5.00g 分别用 20mL 蒸馏水溶解定容至 50mL。用上述标准溶液配制一系列不同浓度的混合标准糖液，并加入 1.0mL 内标液。

（二）气相色谱外标法测定酶法生产的麦芽低聚糖

1. 色谱仪及色谱分析条件

LG-4A 高效液相色谱仪 ,RID-2AS 示差折光检测器 ,C-R2AX 数据处理机（日本岛津）; Nucleosil C18 柱 4.6mm i.d.×250mm,7mm, 流动相：蒸馏水 , 流速：0.8mL/min。进样量为 20μl。

2. 标准溶液的配制

精确秤取无水葡萄糖、麦芽糖以及麦芽三糖、四糖、五糖、六糖（以下依次用 G1、G2、G3、G4、G5、G6 代表）各 10g,G1 用 4.00mL 蒸馏水溶解 , 其他糖用 2.5mL 蒸馏水溶解 , 此为储液。从 G1 ~ G4 储备液中分别吸取 100μl, 从 G5、G6 储备液中分别吸取 150μl 于小瓶中 , 混匀备用。

3. 样品溶液的配制

秤取样品糖粉 0.2g, 用水溶解后定容至 10mL, 经 0.45mm 滤膜过滤 , 取 20mL 滤液进样作色析。

随着科学技术的突飞猛进和人们生活水平的不断提高，人类的生活方式已由温饱型进入健康型。步入 21 世纪后世界人口老龄化趋势也日趋严重。科学界对食品中碳水化合物的研究发现，自然界存在的各种多糖物质具有特殊的生理活性，能够抗衰老和预防癌症，如茶叶多糖、灵芝多糖、香菇多糖、螺旋藻多糖等；还了解到蜂蜜及一些蔬菜水果中存在着微量的低聚糖，它对人体也具有保健作用，于是激发了科学界对微生物发酵生产功能性低聚糖的热情和关注。而且，在我们日常生活中，琳琅满目的食品中多数都添加了糖类化合物。总之，不论科学研究开发新产品还是常规的食品检测都离不开使用快速、准确的现代色谱法。

对比气相色谱和高效液相色谱的测定方法 , 不难发现 , 气相色谱的优点是：进样量少 (0.1 ~ 0.8μl), 检测器灵敏度高 , 可检测 ng 级（痕量）糖类衍生物 , 因而在多糖研究工作中是较常规的测定方法 , 但其缺点是制备衍生物比较麻烦 , 步骤多 , 要求具有很熟练的操作技巧。高效液相色谱的最大优点是样品可以直接进样 , 只需要简单的溶解（水或溶剂）处理；缺点是示差检测器灵敏度不够高 , 故仅适用于做常量分析 , 单糖的最小检测限为 0.1 ~ 0.47μg。

第八节　维生素的测定

绝大多数维生素以辅酶或辅基形式参加各种酶系统工作，在中间代谢的许多环节中都起着极重要的作用。针对这种情况，可将维生素作为一种营养强化剂，加入不同食品中，为人体补充所需维生素。对有关该类食品中维生素的检测，引发了学者专家的广泛研究与关注。

一、食品中水溶性维生素种类及相关特性

现阶段应用到食品中水溶性维生素种类繁多，不同类型的维生素，其特性也存在着较大差异，常见的有以下几种：第一，VC，该维生素在暴露环境下很容易降解，因此在前期处理阶段，需要减少暴露时间，加快操作速度。第二，VB_1，该维生素在碱性条件下，遇热后容易分解，但是在酸性条件下，其性质会处于比较稳定的状态。第三，VB_2，该维生素在碱性或者光照条件下很容易发生分解，这也是前期处理阶段需要重点关注的内容。第四，VB_5 和 VB_6，因其缺少强发色团，使用高效液相色谱法 - 紫外检测器检测时效果较差；而且 VB_6 易溶于水和乙醇，稍溶于脂肪类溶剂，光照条件下易分解，不耐高温。第五，VB_{12}，在强酸、强碱下极易分解，弱酸中十分稳定。

二、水溶性维生素的检测方法分析

本节以水溶性维生素 VB_{12} 为例，分析几种常用分析方法的优势与不足，从而为后期检测方法的筛选提供数据参考。

（一）荧光分析法

在水溶性维生素检测过程中，荧光分析法属于常见的处理方法之一。其作用原理在于，不同类物质在紫外光照射下会处于不同的激发态，在此激发过程中，会出现反应该物质基本特性的荧光，对此类光进行定量分析，以此来判断某一些物质的含量情况。考虑到部分物质本身激发态下产生的荧光效果较差，那么此时可以借助添加荧光染料的方式来增强荧光效果，从而得到可靠的分析结果。该方法在 VB_{12} 含量检测中具备良好的应用价值，但是检测结果容易受到杂质干扰，而且干扰因素排除起来较难，会影响到检测结果的准确性。

（二）高效液相色谱法

在维生素检测方法中，高效液相色谱法也是经常使用到的检测方法，其作用原理在于，将液体来作为流动相，同时利用高压输液系统，将已经混合、分离好的待测物质，混合缓冲液一同添加到色谱柱当中，在色谱柱内的各成分得到分离之后，在检测器中对试样进行定量分析，从而来判断某一些物质的含量情况。该方法在实际应用中，具备了检测速度快、灵敏度高等应用优势，可以对水溶性维生素中的 VB_{12} 含量情况进行准确检测。但是在色谱柱使用期间，需要做好反应时间的控制工作，避免反应时间过长，导致色谱柱堵塞情况的出现。

（三）高效液相色谱－质谱法

在色谱分析法当中，高效液相色谱－质谱法属于另外一个重要分支，其作用原理与高效液相色谱法相类似，将液体来作为流动相，同时利用高压输液系统，将已经混合、净化、萃取、分离好的待测物质和混合缓冲液一同添加到色谱柱当中，然后进行色谱柱分离。在此过程中，会使用电喷雾离子源多反应监测模式来完成数据采集和试验流程检测。根据数据信息得到质谱图，对于质谱图进行定量分析，确定水溶性维生素的具体含量情况。该方法的适用性较强，可以在短时间内完成 VB_{12} 的检测，但是其检测成本相对较高，对于一些普通实验室检测并不适用。

（四）超临界流体色谱法

在色谱法的分支体系中，超临界流体色谱法的出现时间相对较晚，是一种将超临界流体作为维生素检定时流动相的一种检测方法。从严格意义上来将，该检测方法是一种介于液相色谱与气相色谱之间的检测技术，即该检测方法同时具备了两种检测方法的应用优势，其操作流程与常规色谱法的内容相类似，只是更换了流动相的组成。该方法可以在短时间内完成维生素 VB_{12} 的测定，具备检测速度快，准确性高、回收率高等应用优势。

（五）高效毛细管电泳分析法

在新技术体系快速发展的背景下，衍生出了许多的新型检测技术，高效毛细管电泳分析法便属于常用的一种。其作用原理在于利用设备拟建高压电场，同时以此为驱动力，将已经混合好的物质液体推送到毛细管内，受到样品内各组分湍度的差异影响，样品内的物质也会出现分离的情况，对其进行定量分析，从而得到准确的计算结果。该检测方法能够在短时间内快速完成水溶维生素 VB_{12} 的检定，而且具备了较高的回收率和环保性，具备较高的推广价值。

（六）微生物分析法

除了上述提及的检测方法外，微生物分析法也属于常用的检定方法之一。在定量分析过程中，会使用酸度法或者光密度法来进行辅助，从而得到更加准确地计算数据，提升分析结果的准确性，但是该方法检测单一性较强，无法满足多种维生素同时检测的需求。

由上述比较分析可以得知，在维生素 VB_{12} 的检测中，每一种检测方法都有着相应的应用优势和不足，从综合性能情况来看，高效液相色谱法是目前性价比较高的检测方法，而高效毛细管电泳分析法具备了较高的回收率和环保性，具有较高的推广价值，有可能成为检测过程中的最优选择。

综上所述，在科学技术发展速度不断加快的背景下，水溶性维生素的检测方法也处于不断优化的状态，针对不同需求选择恰当的检测方法，对于提高检测结果可靠性有着积极的作用。

第五章 污染食品的主要致病微生物及其预防

　　微生物菌群中大多数是存在于体表或体内的非致病微生物甚至有益微生物，我们称之为正常微生物菌群。其中有些是长期存在于体表或体内的微生物，即常驻微生物菌群，它们可见于皮肤、结膜、口腔、鼻腔、咽部、大肠以及泌尿生殖道，其他部位无常驻微生物菌群，因为这些部位不适合微生物生存，或受宿主防御系统保护，或微生物不能到达。有些是只在某些情况下，暂时存在于有常驻微生物菌群出现的任何部位的微生物，即暂驻微生物菌群。它们可出现数小时甚至数月，但只有在满足其生存必需条件时才出现。

　　实际上，给我们带来困扰的是那些少数存在于自然界的致病微生物，即能引起生物体病变的微生物，如可以引起人类、禽类流感的流感病毒。另外有一部分是条件致病菌，即在常驻微生物菌群和暂驻微生物菌群中存在的几种只在特定情况下利用某些特定条件而致病的微生物。这些致病条件可能是宿主正常防御功能受损，微生物进入异常部位，正常微生物菌群被破坏等。例如，大肠杆菌是人类大肠中的正常常驻菌，但是它们一旦进入手术创口等非正常区域，就会致病。致病微生物经适当的途径进入机体后，在一定的部位生长、繁殖，与宿主发生斗争，这个过程称为感染。

　　致病微生物引起疾病的能力即致病性，是指病原体感染或寄生使机体产生病理反应的特性或能力。致病微生物的致病性是对宿主而言的，有的仅对人有致病性，有的仅对某些动物有致病性，有的兼而有之。微生物的致病性取决于它侵入宿主的能力、在宿主体内繁殖的能力以及躲避宿主免疫系统攻击的能力。此外，侵入体内的微生物数量也是影响致病性的一个重要因素。如果仅有少量微生物入侵，宿主免疫系统就可在微生物致病前将其消灭。如果大量微生物侵入，它们就可胜过宿主抵抗力而引起疾病。但是，如志贺菌等微生物，其致病性非常强，只要摄入极少量的病菌就能引起非常严重的疾病。

第一节　污染食品的致病性细菌及其预防

一、痢疾杆菌对食品的污染及预防

（一）病原体

细菌性痢疾（简称菌痢）又称志贺菌病，是由志贺菌属痢疾杆菌引起的一种肠道传染性腹泻，是夏秋季节最常见的肠道传染病之一。痢疾杆菌分为四个菌群：甲群（志贺痢疾杆菌）、乙群（福氏痢疾杆菌）、丙群（鲍氏痢疾杆菌）、丁群（宋氏痢疾杆菌）。四菌群均可产生内毒素，甲群还可产生外毒素。四种痢疾杆菌都能引起普通型痢疾和中毒型痢疾。我国目前痢疾的病原菌以福氏痢疾杆菌为主，宋氏和鲍氏痢疾杆菌有增多趋势。

（二）病原体征

痢疾的潜伏期长短不一，最短的数小时，最长的8天，多数为2～3天。由于临床表现和疾病经过不同，医学家将痢疾分为普通型痢疾、中毒型痢疾和慢性痢疾。

1. 普通型痢疾

绝大多数痢疾属普通型。因为痢疾杆菌均可产生毒素，所以大部分病人都有中毒症状：起病急、恶寒、发热，体温常在39℃以上，头痛、乏力、呕吐、腹痛和里急后重。痢疾杆菌主要侵犯大肠，尤其是乙状结肠和直肠，所以左下腹疼痛明显。患痢疾的孩子腹泻次数很多，大便每日数十次，甚至无法计数。由于直肠经常受到炎症刺激，所以患儿总想解大便，但又解不出多少，这种现象叫里急后重。里急后重现象严重的可引起肛门括约肌松弛。腹泻次数频繁的孩子可出现脱水性酸中毒。对痢疾杆菌敏感的抗生素较多，绝大多数病人经过有效抗生素治疗，数日后即可缓解。

2. 中毒型痢疾

近年来中毒型痢疾有减少趋势。此型病人多是2～7岁的孩子。由于他们对痢疾杆菌产生的毒素反应强烈，微循环发生障碍，所以中毒症状非常严重。多数孩子起病突然，高热不退，少数孩子初起为普通型痢疾，后来转成中毒型痢疾。患儿萎靡不振、嗜睡、谵语、反复抽风，甚至昏迷。休克型表现面色苍白，皮肤花纹明显，四肢发凉，心音低弱，血压下降。呼吸衰竭型表现呼吸不整，深浅不一，双吸气、叹气样呼吸、呼吸暂停，两侧瞳孔不等大、忽大忽小，对光反射迟钝或消失。混合型具有以上两型临床表现，病情最为凶险。中毒型痢疾病人发病初期肠道症状往往不明显，有的经过一天左右时间才排出痢疾样大便。在典型痢疾大便排出前，用肛管取便或2%盐水灌肠，有助于早期诊断。在痢疾高峰季节，孩子突然高热抽风，没精神，面色灰白，家长应立刻将患儿送往医院检查和抢救。

3. 慢性痢疾

慢性痢疾婴幼儿少见，多因诊断不及时、治疗不彻底所致，细菌耐药，患儿身体虚弱，病程超过 2 个月。慢性痢疾患儿中毒症状轻，食欲低下，大便黏液增多，身体逐渐消瘦，愈后不好。

（三）污染途径

污染传播途径大致有以下五种形式。

1. 食物型传播

痢疾杆菌在蔬菜、瓜果、腌菜中能生存 1 ~ 2 周，并可繁殖，食用生冷食物及不洁瓜果可引起菌痢发生。带菌厨师和痢疾杆菌污染食品常可引起菌痢暴发。

2. 水型传播

痢疾杆菌污染水源可引起暴发流行。

3. 日常生活接触型传播

污染的手是非流行季节中散发病例的主要传播途径。桌椅、玩具、门把、公共汽车扶手等均可被痢疾杆菌污染，若用手接触后马上抓食品，或小孩吸吮手指均会致病。

4. 苍蝇传播

苍蝇粪极易造成食物污染。

5. 洪涝灾害

洪涝灾害使得人们的生活环境变坏，特别是水源受到严重污染，饮食卫生条件恶化及居住条件较差，因此感染志贺菌的可能性大大增加，水灾后局部发生细菌性痢疾暴发的可能性很大，要提高警惕和加强防治。

（四）预防措施

细菌性痢疾的主要防治措施如下所述。

1. 政府行为方面

要搞好食品卫生，保证饮水卫生，作好疫情报告，出现疫情后，立即找出并控制传染源，禁止患者或带菌者从事餐饮业和保育工作，限制大型聚餐活动。

2. 个人卫生方面

喝开水，不喝生水，最好使用压水井水，用消毒过的水洗瓜果蔬菜和碗筷及漱口；饭前便后要洗手，不要随地大便；吃熟食不吃凉拌菜，剩饭菜要加热后吃；做到生熟分开，防止苍蝇叮爬食物。

二、沙门菌对食品的污染及预防

（一）病原体

沙门菌无芽孢、无荚膜，多数细菌有周身鞭毛和菌毛，有动力。在普通培养基上呈中等大小、表面光滑的菌落，无色半透明。不分解乳糖、蔗糖和水杨酸，能分解葡萄糖和甘露醇。吲哚、尿素分解试验及 V-P 试验均为阴性。

沙门菌能在简单的培养基上生长，含有煌绿或亚硒酸盐的培养基可抑制大肠杆菌生长而起增菌作用。沙门菌生长的最佳温度为 35 ~ 37℃，最佳 pH 为值 6.5 ~ 7.5。

本属细菌抵抗力不强，60℃、30min、5% 的石炭酸溶液及 5min 的 70% 酒精均可将其杀死。在水中能生存 2 ~ 3 周，在粪便中可生存 1 ~ 2 个月，在冰中能生存 3 个月，对氯霉素、氨苄西林和复方新诺明敏感。

其抗原结构是分类的重要依据。其抗原可分为菌体抗原（O 抗原）、鞭毛抗原（H 抗原）和表面抗原（Vi 抗原）三种。按菌体抗原结构的不同，该类菌可分为 A、B、C、D、E、F、G、H、I 等血清群，再按鞭毛抗原的不同而鉴别组内的各血清型。目前，已知沙门菌共有 2000 多种血清型，在我国已发现有 161 个血清型，但从人类和动物经常分离出的血清型却只有 40 ~ 50 种，其中仅有 10 种是主要血清型。与人类有关的血清型主要隶属于 A ~ E 组，即伤寒杆菌，甲、乙、丙型副伤寒杆菌，鼠伤寒杆菌，猪霍乱杆菌，肠炎杆菌，鸭沙门菌，新港沙门菌等，仅少数几种对人致病，其中以鼠伤寒杆菌、肠炎杆菌及猪霍乱杆菌最为常见。

（二）病原体征

潜伏期因临床类型而异，胃肠炎型者短至数小时，而类伤寒型或败血症型可长达 1 ~ 2 周。

1.胃肠炎型

胃肠炎型是最常见的临床类型，约占 75%，多由鼠伤寒杆菌、猪霍乱杆菌及肠炎杆菌引起。多数起病急骤，畏寒发热，体温一般 38℃ ~ 39℃，伴有恶心、呕吐、腹痛、腹泻，大便每日 3 ~ 5 次至数十次不等，大便常为水样、量多、很少或没有粪质，可有少量黏液，有恶臭、偶可呈黏液脓血便。本型病程一般 2 ~ 4 天，偶有长达 1 ~ 2 周。

2.类伤寒型

类伤寒型多由猪霍乱杆菌及鼠伤寒杆菌所引起。潜伏期平均 3 ~ 10 天，临床症状与伤寒相似，但病情和经过均较伤寒为轻。热型呈弛张热或稽留热，亦可有相对缓脉，但皮疹少见，腹泻较多，由于肠道病变较轻，形成溃疡较少，故很少发生肠出血和肠穿孔。

3. 白血整形

常见的致病菌为猪霍乱杆菌或鼠伤寒杆菌。多见于婴幼儿、儿童及兼有慢性疾病的成人。起病多急骤，有畏寒、发热、出汗及轻重不等的胃肠道症状。

4. 局部化脓感染型

局部化脓感染多见于 C 组沙门菌感染，一般多见于发热阶段或热退后出现一处或几处局部化脓病灶。

（三）污染途径

沙门菌属广泛分布于自然界。可在人和许多动物的肠道中繁殖，带菌宿主的粪便为该菌传染源之一。引起沙门菌食物中毒的食品主要为鱼、肉、禽、蛋和乳等食品，其中尤以肉类占多数。豆制品和糕点等有时也会引起沙门菌食物中毒。沙门菌污染食品的机会很多，各类食品被污染的原因如下所述。

（1）肉类食品的沙门菌污染。包括生前感染和宰后污染，生前感染又包括原发性沙门菌病和继发性沙门菌病。生前感染是沙门菌污染肉类食品的主要原因。宰后污染系指家畜、家禽在宰杀后被带有沙门菌的粪便、污水、土壤、容器、炊具、鼠、蝇等所污染，可发生在从屠宰到烹调的各个环节中。特别在熟肉制品的加工销售过程中，由于刀具、砧板、炊具、容器等生熟交叉污染或食品从业人员及带菌者污染，导致熟肉制品再次受沙门菌的污染。

（2）家禽蛋类及其制品的沙门菌污染。比较常见，尤其是鸭、鹅等水禽蛋类。由于家禽产卵和粪便排泄通过同一泄殖腔，加上蛋壳上又有气孔，所以当家禽产蛋时，泄殖腔内的沙门菌可污染蛋壳并通过气孔而侵入蛋中。

（3）鲜乳及其制品的沙门菌污染。其原因为沙门菌病乳牛导致牛乳带菌或健康乳牛在挤乳过程中牛乳受沙门菌污染，如果巴氏消毒不彻底，食后可引起沙门菌属食物中毒。

（4）淡水鱼虾蟹等水产品的沙门菌污染。主要原因是水源被沙门菌污染。

上述这些被沙门菌污染的食品在适合该菌大量繁殖的条件下，放置较久，食前未再充分加热，因而极易引起食物中毒。

由于沙门菌不分解蛋白质，因此被沙门菌污染的食品，通常没有感官性状的变化，难以用感官鉴定方法鉴别，故尤应引起注意，以免造成食物中毒。

（四）预防措施

（1）注意饮食卫生，不吃病、死畜禽的肉类及内脏，不喝生水，动物性食物如肉类及其制品均应煮熟煮透方可食用。

（2）加强食品卫生管理，应注意对屠宰场、肉类运输、食品厂等部门的卫生检疫及饮水消毒管理。消灭苍蝇、蟑螂和老鼠，搞好食堂卫生，健全和执行饮食卫生管理制度。

（3）发现病人及时隔离治疗，恢复期带菌者或慢性带菌者不应从事饮食行业的工作。

（4）防止医院内感染。医院特别是产房、儿科病房和传染病病房要防止病房内流行。一旦发现，要彻底消毒。

（5）禁止将与人有关的抗生素用于畜牧场动物而增加耐药机会。

三、致病性大肠杆菌（O157）对食品的污染及预防

（一）病原体

大肠杆菌有致病性和非致病性之分。非致病性大肠杆菌是肠道正常菌丛，致病性大肠杆菌则能引起食物中毒。

致病性大肠杆菌分为侵入型和毒素型两类。前者引起的腹泻与痢疾杆菌引起的痢疾相似，一般称为急性痢疾型；后者所引起的腹泻为胃肠炎型，一般称为急性胃肠炎型。毒素型大肠杆菌产生的肠毒素，可分为耐热毒素和不耐热毒素。前者加热至100℃经30min尚不破坏，后者加热60℃仅1min即被破坏。致病性大肠杆菌有肠产毒素性大肠杆菌（ETEC）、肠致病性大肠杆菌（EPEC）、肠侵袭性大肠杆菌（EIEC）、肠出血性大肠杆菌（EHEC）以及肠黏附性大肠杆菌（EAEC）五类。不同病原性大肠杆菌所致的腹泻特点不同。

（二）病原体征

1.肠毒产素性大肠埃希菌肠炎

本病潜伏期一般为44h，其临床表现为水样腹泻，每日2～10次，偶呈重症霍乱状。在儿童和年老体衰患，严重腹泻常并发脱水、电解质紊乱、休克及酸中毒，有生命危险。发热者较少，多为低热。可有腹痛、恶心、呕吐、头痛及肌痛，但无里急后重。

2.肠致病性大肠埃希菌肠炎

传染源主要是病人及带菌者，有婴儿带菌者亦有成人带菌者，传染性强，以直接接触传播为主，通过污染的手、食品或用具而传播，成人之间常通过污染的食品及饮水，也可能由呼吸道吸入污染的尘埃进入肠道而发病。轻症者不发热，大便每日3～5次，黄色蛋花样，量较多，重症患者可有发热、呕吐、腹痛、腹胀等，呈黏液脓血便。呕吐、腹泻严重者可有失水及酸中毒表现。并发症主要有重度等渗性脱水、代谢性酸中毒、败血症、（心、肝、肾）功能障碍、肺炎、低血K^+及低血休息人，成人预后较好，小儿病死率高。

3.肠侵袭性大肠埃希菌肠炎

侵袭性大肠杆菌主要引起较大儿童及成人腹泻。本菌一般不产生肠毒素，但可侵袭结肠黏膜上皮，致使细胞损伤，形成炎症、溃疡，出现类似菌痢的症状，腹泻可呈

脓血便，伴发热、腹痛、里急后重感，常易被误诊。本病临床表现轻重悬殊，较重病例酷似细菌性痢疾，有发热、头痛、肌痛及乏力等毒血症症状，伴腹痛、腹泻、里急后重及黏液脓血便。

4.肠出血性大肠埃希菌肠炎

病变部位主要在肾脏时可导致溶血——尿毒综合征，亦可由此引起肠壁梗死、出血以及中枢神经系统病变。本病腹泻特点：a.起病急骤，一般无发热，有痉挛性腹痛，腹泻初为水样，继即为血性；b.乙状结肠镜检查显示肠黏膜充血、水肿，钡灌肠 X 射线检查可见升结肠、横结肠黏膜下水肿而呈拇指纹状；c.感染后约 1 周可发生溶血尿毒症症候群；d.病程为 7 ~ 9 天，也有长达 12 天者。家禽家畜为本病贮存宿主和主要传染源，如牛、羊、猪等，以牛带菌率最高。病人和无症状携带者也是传染源之一。消化道传播，通过进食被污染的食物、水或与病人接触而传染，人群普遍易感，但以老人、儿童为主。有明显的季节性，7 ~ 9 月为流行高峰，原则上可按其他感染性腹泻类似的处理。

5.肠黏附性大肠埃希菌肠炎

广泛性黏附大肠埃希菌不产生肠毒素及志贺样毒素，腹泻机制不明。健康带菌者约 7% ~ 8%。其唯一特征是具有与 Hep-2 细胞黏附的能力，但黏附形式与 EPEC 不同。EAEC 亦是旅游者腹泻和小儿慢性腹泻的病原体。本菌多侵犯小儿，流行中以小儿为主，成人亦可发病，易引起腹泻迁延慢性化。临床表现多无发热，腹泻 3 ~ 5 次 / 日，大便多为稀蛋花样或带奶瓣样，量多，严重者可出现肠麻痹和黏液血样大便。

（三）污染途径

可通过饮用受污染的水或进食未熟透的食物而感染。饮用或进食未经消毒的奶类、芝士、蔬菜、果汁及乳酪而染病的个案亦有发现。此外，若个人卫生欠佳，亦可能会通过人传人的途径，或经进食受粪便污染的食物而感染该种病菌。

（四）预防措施

致病性大肠杆菌的传染源是人和动物的粪便。自然界的土壤和水常因粪便的污染而成为次级的传染源，易被该菌污染的食品主要有肉类、水产品、豆制品、蔬菜及鲜乳等。这些食品经加热烹调，污染的致病性大肠杆菌一般都能被杀死，但熟食在存放过程中仍有可能被再度污染。因此要注意熟食存放环境的卫生，尤其要避免熟食直接或间接地与生食接触。对于各种凉拌食用的食品要充分洗净，并且最好不要大量食用，以免摄入过量的活菌而引起中毒。同时加强屠宰检疫工作，防止病畜进入市场。控制室温及存放容器的温度，在 5℃下该菌可受到抑制，杀灭该菌一般在 80℃、15min 条件下即可保证食品的食用安全性。

四、霍乱弧菌对食品的污染及预防

（一）病原体

霍乱弧菌属弧菌科弧菌属，为革兰染色阴性菌。菌体短小，弧形或逗点状，运动活泼。能发酵蔗糖和甘露糖，不发酵阿拉伯胶糖，皆与霍乱多价血清发生凝集。对营养要求简单，在普通蛋白胨水中生长良好。最适酸碱度为 pH 7.2 ~ 7.4，最适生长温度为 37℃。由于对酸非常敏感而对碱耐受性大，可与其他不易在碱性培养基上生长的肠道菌相鉴别。两个生物型有相同的抗原结构，均属 OI 群霍弧菌，可分为小川、稻叶和彦岛三个不同的血清型。既往流行的两型菌株中，总以小川血清型占绝对优势，但 20 世纪末稻叶血清型却明显增多。本菌能产生外毒素性质的霍乱肠毒素，可引起患者剧烈腹泻。自然突变也是本菌的特性之一，埃尔托生物型表现尤为明显，古典生物型的致病性一般强于埃尔托生物型。本菌对各种常用消毒药品比较敏感，一般易于杀灭。霍乱弧菌进入人体的唯一途径是通过饮食由口腔经胃到小肠，此菌对胃酸十分敏感，因而多数被胃酸杀死，只有那些通过胃酸屏障而进入小肠碱性环境的少数弧菌，在穿过小肠黏膜表面的黏液层之后，才黏附于小肠上皮细胞表面并在这里繁殖，同时产生外毒素性质的霍乱肠毒素，引起肠液的大量分泌，结果出现剧烈的腹泻和反射性呕吐。

（二）病原体征

人受染后，隐性感染者比例较大。在显性感染者中，以轻型病例为多，这一情况在埃尔托型霍乱尤为明显。本病的潜伏期可由数小时至 5 日，以 1 ~ 2 日为最常见。多数患者起病急骤，无明显前驱症状。病程一般可分为三期。

1. 泻吐期

多以突然腹泻开始，继而呕吐。一般无明显腹痛，无里急后重感。每日大便数次甚至难以计数，量多，每天 2000 ~ 4000mL，严重者 8000mL 以上，初为黄水样，不久转为米泔水样便，少数患者有血性水样便或柏油样便，腹泻后出现喷射性呕吐，初为胃内容物，继而水样，米泔样。呕吐多不伴有恶心，喷射样，其内容物与大便性状相似，约 15% 的患者腹泻时不伴有呕吐。由于严重泻吐引起体液与电解质的大量丢失，出现循环衰竭，表现为血压下降，脉搏微弱，血红蛋白及血浆密度显著增高，尿量减少甚至无尿。机体内有机酸及氮素产物排泄受障碍，患者往往出现酸中毒及尿毒症的初期症状。血液中钠、钾等电解质大量丢失，患者出现全身性电解质紊乱。缺钠可引起肌痉挛，以腓肠肌和腹直肌为最常见。缺钾可引起低钾综合征，如全身肌肉张力减退、肌腱反射消失、鼓肠、心动过速、心律不齐等。由于碳酸氢根离子的大量丢失，可出现代谢性酸中毒，严重者神志不清，血压下降。

2. 脱水虚脱期

患者的外观表现非常明显，严重者眼窝深陷，声音嘶哑，皮肤干燥皱缩，弹性消失，腹下陷呈舟状，唇舌干燥，口渴欲饮，四肢冰凉，体温常降至正常以下，肌肉痉挛或抽搐。患者生命垂危，但若能及时妥善抢救，仍可转危为安，逐步恢复正常。

3. 恢复期

少数患者（以儿童多见）此时可出现发热性反应，体温升高至38℃～39℃，一般持续1～3天后自行消退，故此期又称为反应期。病程平均3～7天。

目前霍乱大多症状较轻，类似肠炎。按脱水程度、血压、脉搏及尿量多少分为四型。中型与重型患者由于脱水与循环衰竭严重，一般较易诊断；而轻型患者则多被误诊或漏诊，以致造成传染的扩散。

（1）轻型：仅有短期腹泻，无典型米泔水样便，无明显脱水表现，血压脉搏正常，尿量略少。

（2）中型：有典型症状体及典型大便，脱水明显，脉搏细速，血压下降，尿量甚少，一日500mL以下。

（3）重型：患者极度软弱或神志不清，严重脱水及休克，脉搏细速或者不能触及，血压下降或测不出，尿极少或无尿，可发生典型症状后数小时死亡。

（4）暴发型：称干性霍乱，起病急骤，不等典型的泻吐症状出现，即因循环衰竭而死亡。

（三）污染途径

当发生水、旱、地震等自然灾害，或战争等异常情况下，卫生设施受到严重破坏，清洁、安全饮用水的供应中断，水源受到污染，生活垃圾清理困难，环境卫生和食品卫生状况恶化，有利于霍乱等急性肠道传染病的传播和流行。霍乱和其他急性肠道传染病常伴随各种灾害而发生流行，是对人们生命、健康威胁极大的一组传染病。

（四）预防措施

（1）管理传染源。设置肠道门诊，及时发现，隔离病人，做到早诊断、早隔离、早治疗、早报告，对接触者需留观5天，待连续3次大便阻性方可解除隔离。

（2）切断传播途径。加强卫生宣传，积极开展群众性的爱国卫生运动，管理好水源、饮食，处理好粪便，消灭苍蝇，养成良好的卫生习惯。

（3）保护易感人群。积极锻炼身体，提高抗病能力，可进行霍乱疫苗预防接种，新型的口服重组B亚单位/菌体霍乱疫苗已在2004年上市。

五、变形杆菌对食品的污染及预防

（一）病原体

病原变形杆菌属包括普通变形杆菌、奇异变形杆菌、莫根变形杆菌、雷极变形杆菌和无恒变形杆菌五种，前三种能引起食物中毒，后一种能引起婴儿的腹泻。变形杆菌抵抗力较弱，煮沸数分钟即死亡，55℃经 1h，或在 1% 的石炭酸中 30min 均可被杀灭。

（二）病原体征

变形杆菌食物中毒的临床表现为三种类型，即急性胃肠炎型、过敏型和同时具有上述两种临床表现的混合型。急性胃肠炎型，潜伏期最短者为 2h，最长为 30h，一般 10 ~ 12h，病程 1 ~ 2 日，预后良好。过敏型潜伏期较短，一般 30min ~ 2h，主要表现为面颊潮红、荨麻疹、醉酒感、头痛、发烧，病程 1 ~ 2 日。混合型中毒症状既有过敏型中毒症状，又有急性胃肠炎症状。

（三）污染途径

中毒食物和传染源引起变形杆菌食品中毒的现象在动物性食品和以熟肉和内脏制品的冷盘最为常见。此外，豆制品、凉拌菜和剩饭等亦间有发生。变形杆菌在自然界分布很广，人和动物的肠道中也经常存在。食物中的变形杆菌主要来自外界的污染。环境卫生不良、生熟交叉污染、食品保藏不当以及剩余饭菜食前未充分加热，是引起中毒的主要原因。

（四）预防措施

（1）凡接触过生肉和生内脏的容器、用具等要及时洗刷消毒，严格做到生熟分开，防止交叉感染。

（2）生肉、熟食及其他动物性食品，都要存放在 10℃ 以下，防止高温环境使细菌大量繁殖。无冷藏设备时，也应尽量把食品放在阴凉通风处，存放时间不宜过长。

（3）肉类在加工烹调过程中应充分加热，烧熟煮透。剩饭剩菜和存放时间长的熟肉制品，在食用前必须回锅加热。

六、副溶血性弧菌对食品的污染及预防

（一）病原体

副溶血性弧菌是一种嗜盐菌，在无盐的培养基中生长很差，甚至不能生长。在含食盐 3% ~ 3.5%，温度 30 ~ 37℃ 时生长最好。该菌不耐热，80℃、1min 即被杀死，对酸敏感，在稀释一倍的食醋中经 1min 即可死亡，但在实际调制食品时，可能需

10min 才能杀死。带有少量副溶血性弧菌的食品,在适宜温度(30℃～37℃)下经过3～4h,可急剧增加,并可引起食物中毒。

(二)病原体征

中毒症状潜伏期短,一般为 10～18h,最短 3～5h,长者达 24～48h。主要症状为上腹部阵发性绞痛、呕吐、腹泻、发烧(37.5～39.5℃),腹泻有时为黏液便、黏血便,大多数经 2～4天后恢复,少数出现虚脱状态,如不及时抢救会导致死亡。

(三)污染途径

副溶血性弧菌广泛生存于近岸海水、海鱼和贝类中,夏秋季的海产品带菌率高达90% 以上。故海产品以及与其接触过的炊具、容器、操作台、菜刀和抹布等是该菌传染的主要来源。

引起副溶血性弧菌食物中毒的食品主要是海产品,如海鱼、海虾、海蟹和海蜇等。其他各种食品如熟肉类、腌制品、蔬菜色拉等,亦常被交叉污染而引起食物中毒。

(四)预防措施

(1)海产品带菌率很高,是副溶血性弧菌的主要污染源。因此,在加工、运输、销售等各个环节中严禁生熟混杂,防止海产品污染其他食品。

(2)食物在吃前彻底加热,杀灭细菌。

(3)副溶血性弧菌在食醋中 0.5h 即可死亡,生吃食品(凉拌菜、咸菜、酱菜、海蜇)均可用食醋处理后再吃。

(4)控制细菌生长繁殖,做到鱼虾冷藏;鱼、虾和肉一定要烧熟煮透,防止里生外熟。蒸煮虾蟹时,一般在 100℃加热 30min;低温保存的熟食吃前要再回锅加热。

七、葡萄球菌对食品的污染及预防

(一)病原体

葡萄球菌是毒素型食物中毒菌。产生肠毒素的葡萄球菌可分为金黄色葡萄球菌和表皮葡萄球菌。实验证明,摄入葡萄球菌而无毒素并不引起中毒,但如果摄入葡萄球菌产生肠毒素,就能引起食物中毒。金黄色葡萄球菌在 20～37℃环境中极易繁殖并能较多产生肠毒素,如果培养基中含有可分解的糖类,则有利于毒素形成。葡萄球菌的肠毒素耐热性很强,100℃加热 2h 方能被破坏。用油加热到 218～248℃,30min 勉强失去活性,故在一般烹调中不能完全被破坏。

(二)病原体征

中毒症状潜伏期短,在 1～6h 内即发急病,首先唾液分泌增加,出现恶心、呕吐、腹痛、水样性腹泻、吐比泻重,不发热或仅微热,有时呕吐物中含有胆汁、血液和黏液。

病程较短，1～2天即可恢复，预后良好。

（三）污染途径

葡萄球菌肠毒素引起中毒的食品主要是剩饭、凉糕、奶油糕点、牛奶及其制品、熟肉类和米酒等。

葡萄球菌的传染源主要是人和动物。例如，化脓性皮肤病和疖肿或急性呼吸道感染以及口腔、鼻咽炎等患者，患有乳腺炎的乳牛的奶及其制品，正常人亦常为这类菌的带菌者。此外，葡萄球菌广泛分布在自然界，食品受污染的机会很多。被污染的食品若处于31℃～37℃，适合该菌繁殖，则在几小时之间即可产生足以引起中毒的肠毒素。

（四）预防措施

（1）防止污染，对饮食加工、制作、销售人员要定期进行健康检查，发现带菌者或有化脓性病灶者，以及上呼吸道感染和牙龈炎症者，应暂时调换工作，及早治疗；加强对奶牛、奶羊的健康检查，牛、羊在患乳腺炎未愈前，所产奶不得食用。

（2）低温保藏食品，缩短存放时间，控制细菌繁殖和肠毒素的形成。

（3）剩饭剩菜除低温保存外，以不过夜最好，放置时间应在5～6h内。食前要彻底加热，一般加热100℃经2.5h才能有效。严重污染有不良气味者不能食用，以防中毒。

八、肉毒梭状芽孢杆菌对食品的污染及预防

（一）病原体

肉毒梭状芽孢杆菌毒素中毒简称肉毒中毒，是肉毒梭状芽孢杆菌外毒素引起的一种严重的食物中毒。肉毒梭状芽孢杆菌（简称肉毒梭菌）可产生芽孢，它为专性厌氧菌。在无氧、20℃以上和适宜的营养物质条件下可大量繁殖，并产生一种以神经毒性为特征的强烈的毒素，即肉毒毒素。肉毒毒素根据毒素抗原结构的不同，可分为A、B、C、D、E、F、G等七型。人类肉毒中毒主要由A、B及E型所引起，少数由F型引起，C、D型肉毒毒素主要引起动物疾病。肉毒毒素不耐热，各型毒素80℃加热30min即被破坏。菌体耐热性也不强，80℃加热20min可杀死。但其芽孢耐热性很强，特别是A、B型菌的芽孢，需100℃湿热高温经6h才多数死亡。

（二）病原体症

潜伏期一般2～10天，最短6h，最长60天，其长短与食入毒素量有密切关系。潜伏期越短死亡率越高。中毒症状为全身乏力，头痛、头晕等，继之或突然出现特异性神经麻痹，眼视力降低、复视、眼睑下垂、瞳孔放大，相继引起口渴、舌短、失言、下咽困难、声哑、四肢运动麻痹。重症呼吸麻痹、尿闭而死亡，且死亡率极高。患者

体温正常，意识清楚。病人经治疗可于 4 ~ 10 天后缓慢恢复，一般无后遗症。

（三）污染途径

肉毒中毒一年四季都可发生，以冬春季为最多。世界各地均有发生，但不是经常普遍发生，其发生常与特殊的饮食习惯有密切关系。我国多发地区引起中毒的食品大多数是家庭自制的发酵食品，如臭豆腐、豆豉、豆酱和制造面酱的一种中间产物——玉米糊等。这些发酵食品所用的原料（如豆类）常带有肉毒梭状芽孢杆菌，发酵过程往往是在封闭的容器中和高温环境中进行，为芽孢的生长繁殖和产量提供了适宜的条件，故易引起中毒。在国外，发生于家庭自制的各种罐头食品、熏制食品或腌制品为主。

肉毒梭菌广泛存在于外界环境中，在土壤、地面水、蔬菜、粮食、豆类、鱼肠内容物以及海泥中均可发现，其中土壤是本菌的主要来源。各种食品的原料受到土壤肉毒梭菌的污染，加热不彻底，芽孢残存，于是在无氧条件下生长繁殖，产生毒素。

（四）预防措施

（1）防止土壤对食品的污染，当制作易引起中毒的食品时，原料要充分洗净。

（2）生产罐头和瓶装食品时，除建立严格合理的卫生制度外，要严格执行灭菌的操作规程。顶部有鼓起或破裂的罐头一般不能食用。

（3）由于肉毒毒素不耐热，对可凝食品食前要彻底加热，以保安全。

九、蜡样芽孢杆菌对食品的污染及危害

（一）病原体

蜡样芽孢杆菌食物中毒在国外早有报道，近些年来在我国各地亦间有报告，大多与米饭有关，尚未引起普遍重视。蜡样芽孢杆菌是需氧性、有运动能力、能形成芽孢的杆菌。该菌在 15℃以下不繁殖，在一般的室温下很容易生长繁殖，最适温度为 32 ~ 37℃。其营养细胞不耐热，100℃经 20min 就可被杀灭，但芽孢具有耐热性。

（二）病原体征

芽孢杆菌有产生和不产生肠毒素菌株之分，产生肠毒素的菌株又分耐热和不耐热的两类。耐热的肠毒素常在米饭类食品中形成，引起呕吐型胃肠炎，不耐热肠毒素在各种食品中均可产生，引起腹泻型胃肠炎。

呕吐型胃肠炎的症状类似葡萄球菌肠毒素食物中毒。潜伏期为 0.5 ~ 2h，主要症状为恶心、呕吐、头晕、四肢无力、口干、寒战、胃不适和腹痛等。少数病人有腹泻和腹胀等症状，一般体温不升高，病程一天左右，预后良好。

腹泻型胃肠炎的潜伏期为 10 ~ 12h，以腹痛、腹泻症状为主，偶有呕吐和发烧。病程一天，预后良好。

（三）污染途径

蜡样芽孢杆菌食物中毒所涉及的食品种类繁多，包括乳类、肉类制品、蔬菜、马铃薯、香草调味汁、甜点心、凉拌菜、米粉和米饭等。

蜡样芽孢杆菌广泛分布于自然界，常发现于土壤、灰尘、腐草和空气中。食品在加工、运输、保藏和销售等过程中极易受污染。本菌的污染源主要为泥土和灰尘，它们通过苍蝇、蟑螂、用具和不卫生的手及食品从业人员进行传播。

（四）预防措施

（1）为防止食物受到污染，必须遵守卫生制度，做好防蝇、防鼠、防尘工作。

（2）蜡样芽孢杆菌在16℃～50℃时即可生长繁殖，并产生肠毒素，故食品只能在低温中短期保存。

（3）剩饭可在浅盘中摊开快速冷却，在2h内送往冷藏室，食用前彻底加热，一般100℃经20min即可。

十、单核细胞增多性李斯特杆菌对食品的污染及预防

（一）病原体

此菌在环境中的生存能力强，营养要求不高。0～50℃均能生长，30～37℃最适宜，-20℃能存活1年，在冷冻食品中可长期生存，是为数不多的低温生长致病菌之一。此菌不耐热，在58℃～59℃下10min可死亡，在中性或弱碱性条件下生长最好，对氯化钠抵抗力强，20%氯化钠溶液4℃可存活8周，普通腌制食品不影响生存；能抵抗反复冷冻、紫外线照射。

（二）病原体征

感染后大多为暂时带菌。儿童显性感染主要表现为脑膜炎及败血症，成人感染表现为各种脏器的实质性病变。

1.妊娠感染

由于孕妇的细胞免疫功能下降，故易感染本菌，出现畏寒、发热、头痛、肌痛等类似上呼吸道感染症状多发于妊娠26～30周。症状如果呈自限性，则不影响胎儿，但也可致早产、死产或新生儿脑膜炎而死亡。如果伴羊膜炎症，孕妇可持续发热，但感染后不会出现习惯性流产。

2.新生儿感染

新生儿在胎内获得感染，分娩后发病，表现为肝、脾、肺、肾、脑等脏器内播散性脓肿或肉芽肿。早期常为败血症，后期为足月产后两周发生新生儿脑膜炎。常伴有结膜炎、咽炎，躯干及肢端皮肤红丘疹。患儿可出现呼吸或循环衰竭，病死率高达

33% ~ 100%，早期治疗可提高存活率。

3. 中枢神经系统感染

表现为脑膜脑炎或脑干脑炎。典型的表现为发热、头痛、恶心、呕吐、脑膜刺激征、共济失调等，很少有昏迷。脑干脑炎者均为成人，发病率低，但可出现脑神经性非对称性偏瘫、共济失调等，约40%的病人出现呼吸衰竭，病死率高。

4. 心内膜炎

多见于成人，病人可有心瓣膜病变或癌症等基础疾病。7.5%的本菌感染出现心内膜炎，且伴发败血症，死亡率可高达48%。

5. 局部感染

该菌引起的化脓性结膜炎及皮肤感染可为婴儿败血肉芽肿的一部分。淋巴结感染多见于颈部，可混合有结核性淋巴结感染。

6. 胃肠道感染

该菌引起的胃肠道感染、为自限性发热性胃肠炎，症状有腹泻、恶心、呕吐伴发热等。此外，本菌尚可引起肝炎、肝脓肿、胆囊炎、脾脓肿、关节炎、骨髓炎、脊髓炎、脑脓肿、眼内炎等。

（三）污染途径

李斯特菌食物中毒全年可发生，夏、秋呈季节性增长。主要通过进食感染人体，可引起人的脑膜炎、败血症或无败血症性单核细胞增多症。已报道造成李斯特菌食物中毒的食品有消毒乳、乳制品、猪肉、羊肉、牛肉、家禽肉、河虾、蔬菜等。李斯特菌食物中毒的原因多为污染该菌的食品未经充分加热后食用引起中毒，如喝了未彻底杀死此菌的消毒奶，冰箱内冷藏的熟食品取出后直接食用等。

（四）预防措施

（1）采取有效措施保护易感人群。李斯特菌广泛存在于环境和食品中，大多数健康人摄入而没有致病是由于有抵抗力；另一原因是动物食品虽然带菌率较高，但菌量少，只有少数免疫力低下的人发病，因此预防的重点是放在保护高危人群。

（2）切断污染源。李斯特菌具有嗜冷特性，冰箱保存食品时间不宜过长，食用前要彻底加热消毒。

第二节　污染食品的霉菌毒素及其预防

霉菌及其毒素污染食品后从食品卫生角度应该考虑两方面的问题，即霉菌及其毒素通过食品引起食品腐败变质和人类中毒的问题。

一、霉菌污染引起食品腐败变质

霉菌最初污染食品后，在基质及环境条件适应时，首先可引起食品的腐败变质，不仅可使食品呈现异样颜色、产生霉味等异味，食用价值降低，甚至完全不能食用，而且还可使食品原料的加工工艺品质下降，如出粉率、出米率、黏度等降低。粮食类及其制品被霉菌污染而造成的损失最为严重，根据估算，每年全世界平均至少有2%的粮食因污染霉菌发生霉变而不能食用。

二、人类霉菌毒素中毒

许多霉菌污染食品及其食品原料后，不仅可引起腐败变质，而且可产生毒素，引起误食者霉菌毒素中毒。霉菌毒素中毒是指由霉菌毒素引起的对人体健康的各种损害。人类霉菌毒素中毒大多数是由于食用了被产毒霉菌菌株污染的食品所引起的。食品受到产毒菌株污染有时不一定能检测出霉菌毒素，这种现象比较常见，这是因为产毒菌株必须在适宜产量的特定条件下才能产量。但有时也从食品中检验出有某种毒素存在，而分离不出产毒菌株，这往往是由于食品在贮藏和加工中产毒菌株已经死亡，而毒素不易破坏的缘故。一般来说，产毒霉菌菌株主要在谷物粮食、发酵食品及饲草上生长产生毒素，直接在动物性食品，如肉、蛋、乳上产量的较为少见。而食入大量含毒饲草的动物同样可引起各种中毒症状或残留在动物组织器官及乳汁中，致使动物性食品带毒，被人食入后仍会造成霉菌毒素中毒。霉菌毒素中毒与人群的饮食习惯、食物种类和生活环境条件有关，所以霉菌毒素中毒常常表现出明显的地方性和季节性，甚至有些还具有地方疾病的特征。例如，黄曲霉毒素中毒，黄变米中毒和赤霉病麦中毒即具有此特征。霉菌污染食品，特别是霉菌毒素污染食品对人类危害极大，就全世界范围而言，不仅会造成很大的经济损失，而且可以造成人类的严重疾病甚至大批的死亡。20世纪60年代英国发生了黄曲霉毒素污染饲料一次性造成19万只火鸡死亡的事件，开始引起了人们对霉菌及霉菌毒素污染食品问题的重视和研究。癌症是当今人类社会的一大杀手，癌症发病率与人们是否食入了含有霉菌毒素的食物以及食入的食品所含霉菌毒素量的多少有很大的关系。因此从一定意义上讲，不食用霉变及含有霉菌毒素的食物就可以在很大程度上降低癌症发病率，避免癌症的发生。

三、预防和控制

在自然界中，食物要完全避免霉菌污染是比较困难的，但要保证食品安全，就必须将食物中霉菌毒素的含量控制在允许的范围内，主要做法从两方面入手：一是需要减少谷物、饲料在田野、收割前后、贮运和加工过程中霉菌的污染和毒素的产生；二是需要在食用前去除毒素或不吃霉烂变质的谷物和毒素含量超标的食物。目前国内外采取的预防和去除霉菌毒素污染的措施如下：

（1）利用合理耕作、灌溉和施肥、适时收获来降低霉菌的侵染和毒素的产生。

（2）采取减少粮食及饲料的水分含量，降低贮存温度和改进贮藏、加工方式等措施来减少霉菌毒素的污染。

（3）通过抗性育种，培养抗霉菌的作物品种。

（4）加强污染的检测，严格执行食品卫生标准，禁止出售和进口霉菌毒素超标的粮食和饲料。

（5）利用碱炼法、活性白陶土、凸凹棒黏土或高岭土吸附法、紫外线照射法、山苍子油熏蒸法和五香酚混合蒸煮法等化学、物理学方法。

第三节　污染食品的人畜共患传染病病原微生物及其预防

一、炭疽杆菌对食品的污染及危害

（一）病原体

本菌是粗大的、不运动的革兰阳性大肠杆菌，一般染料着色良好。菌体长 4 ~ 8μm，宽 1.0 ~ 1.5μm。在涂片标本小，呈单在或链状排列，杆菌的末端直截或稍凹陷，以致菌体连接起颇似竹节状。炭疽杆菌在动物体内形成荚膜，在动物体外形成芽孢，荚膜对炭疽杆菌具有保护功能，并且体现毒力。无荚膜株，通常无毒性。本菌是需氧菌，在有氧条件下发育最好。对营养要求不严格，在一般培养基上即可生长。最适生长温度为37℃，pH 值为 7.2 ~ 7.6。普通营养琼脂培养 18 ~ 24h，形成直径 2 ~ 3mm，大而扁平、粗糙、灰白色、不透明、边缘不整齐的火焰状菌落。用低倍显微镜观察，菌落呈卷发状。

（二）病原体征

炭疽杆菌主要引起草食动物发病，以绵羊、牛、马、鹿等最易感染，猪、山羊较差，禽类一般不感染，人对炭疽的易感性仅次于牛、羊。人感染本病也多半表现为局限型，分为皮肤炭疽、肠炭疽和肺炭疽。炭疽杆菌毒素可增加微血管的通透性，改变血液循环正常进行，损害肾脏功能，干扰糖代谢，最后导致动物死亡。皮肤炭疽表现为斑疹、丘疹、水疱。水疱破溃后形成溃疡，结成黑色痂皮，黑色痂皮为本病的特征，故称炭疽。人患鼻疽表现为患者体温升高至40℃，呈弛张热，伴有恶寒、多汗、头痛。

（三）污染途径

屠宰工人通过破损的皮肤和外表黏膜接触感染，病畜肉或其加工制品中带有炭疽芽孢，处理不当，食后引起肠炭疽。处理和运送畜产品，因吸入含炭疽芽孢的尘埃，发生肺炭疽。

（四）预防措施

（1）管理传染源。给牲畜定期注射炭疽孢苗。病、死畜严禁解剖，必须立即焚烧或深埋于 2m 以下有生石灰或漂白粉的深坑，并对其他家畜进行预防接种。对患病的人也应隔疗，愈后 2 次检查（每次间隔 5 天）其分泌物或排泄物必须阴性，分泌物及病人用过的敷料、剩余的食物、病室内垃圾均应烧毁。

（2）切断传播途径。加强肉品卫生检验及处理制度。对污染的场地可用漂白粉乳剂消毒 45min，再用热水洗净，用具也可用漂白粉消毒或煮沸消毒。

（3）保护易感者。从事畜牧业和畜产品加工的所有人员都要熟知本病的处理方法。工作时要有保护工作服、帽、口罩等，严禁吸烟进食，下班时要清洗消毒更衣。皮肤受伤后立即用 2% 碘酊涂擦。密切接触者或带菌者可用抗生素预防，对屠宰人员及其他人员应进行人工皮上划痕炭疽减毒活疫苗接种。

二、鼻疽杆菌对食品的污染及危害

（一）病原体

鼻疽杆菌为革兰阴性中等杆菌，无芽孢、荚膜和鞭毛。在腐物和水中能生存 2 ~ 4 周，在潮湿的圈床上可生存 15 ~ 30 天，在尿中存活 40h，在鼻汁中生存 2 周。但不耐干燥，对阳光敏感，在 55℃/5 ~ 20min、80℃/5min、煮沸条件下立即死亡。5% 漂白粉、10% 石灰乳、1% 氢氧化钠等作用 1h 均能杀死。

（二）病原体征

人类会全身疼痛、乏力和食欲减退，在感染部位形成炎性硬结，如拇指至核桃大。

病畜患皮肤鼻疽后会在皮肤上形成黄豆大小结节，有时沿淋巴管排列成串。患畜为肺鼻疽时，肺部有浅灰色呈玻璃样的结节，周围有红色充血带。患畜宰后鉴定时，鼻中隔有边缘整齐而圆滑、稍隆起的溃疡灶或呈星云状瘢痕。喉头和气管也有粟粒状小结节高低不平，边缘不齐的溃疡，肺、肝和脾有粟粒至豌豆大结节。

（三）污染途径

治疗、屠宰病畜及处理尸体时经损伤的皮肤和黏膜感染，也有吃病马肉受感染的病例，也可通过呼吸道感染。

（四）预防措施

必须抓好控制传染源和消灭传染源，配合切断传播途径，发现病人严格隔离治疗，痊愈后方能出院。在护理病人、治疗病人、病畜和接触其培养物时，要加强个人防护，防止感染。

三、结核菌对食品的污染及危害

（一）病原体

本菌在病灶内菌体正直或微弯曲，有时菌体末端具有不同的分枝，有的两端钝圆，无鞭毛，无荚膜和无芽孢，没有运动性。本菌为革兰阳性菌。

本菌为严格需氧菌，最适生长温度为 37℃ ~ 37.5℃，生长速度很慢。结核杆菌对营养要求极高，必须在含有血清、鸡蛋、甘油等的特殊培养基上才能良好生长。菌落呈灰黄白色、干燥颗粒状，有显著隆起，表面粗糙皱缩、菜花状。本菌含有大量的脂类，抵抗力较强，对于干燥的抵抗力特别强大。它在干燥状态可存活 2 ~ 3 个月，在腐败物和水中可存活 5 个月，在土壤中可存活 7 个月到 1 年。低温菌体不死，而且在 -190℃时还保持活力。

（二）病原体征

结核杆菌的致病作用可能是细菌在组织细胞内顽强增殖引起炎症反应，以及诱导机体产生迟发型变态反应性损伤有关。结核杆菌可通过呼吸道、消化道和破损的皮肤黏膜进入机体，侵犯多种组织器官，引起相应器官的结核病，其中以肺结核最常见。人类肺结核有两种表现类型。

1. 原发感染

原发感染是首次感染结核杆菌，多见于儿童。结核杆菌随同飞沫和尘埃通过呼吸道进入肺泡，被巨噬细胞吞噬后，由于细菌胞壁的碳酸脑苷脂抑制吞噬体与溶酶体结合，不能发挥杀菌溶菌作用，致使结核杆菌在细胞内大量生长繁殖，最终导致细胞死亡崩解，释放出的结核杆菌或在细胞外繁殖侵害，或被另一巨噬细胞吞噬再重复上述过程，如此反复引起渗出性炎症病灶，称为原发灶。原发灶内的结核杆菌可经淋巴管扩散在肺门淋巴结，引起淋巴管炎和淋巴结肿大，X 线胸片显示哑铃状阴影，称为原发复合征。随着机体抗结核免疫力的建立，原发灶大多可纤维钙化而自愈。但原发灶内可长期潜伏少量结核杆菌，不断刺激机体强化已建立起的抗结核免疫力，也可作为以后内源性感染的来源。只有极少数免疫力低下者，结核杆菌可经淋巴、血流扩散至全身，导致全身粟粒性结核或结核性脑膜炎。

2. 继发感染

继发感染也称原发后感染，多见于成年人。大多为内源性感染，极少由外源性感染所致。继发性感染的特点是病灶局限，一般不累及邻近的淋巴结，主要表现为慢性肉芽肿性炎症，形成结核结节，发生纤维化或干酪样坏死。病变常发生在肺尖部位。

（三）污染途径

结核杆菌来自病人和病畜的病灶，病菌随着痰液、尿液、粪便、乳液或其他分泌物排出体外而传播。病菌除通过呼吸道侵入人体外，也可以由污染的食品和饮用水感染。牛对结核杆菌有较高的易感性。患有结核病的乳牛，其乳中含有结核菌，人吃了消毒不彻底的这种乳，就会得结核病。结核杆菌几乎可侵犯人和动物的所有器官组织，引起周围和全身病变。

（四）预防措施

为防止结核病的发生，应控制传染源；养成良好习惯，不随地吐痰；加强肉品卫生检验与处理制度。

四、布氏杆菌对食品的污染及预防

（一）病原体

本菌属初次分离培养时多呈小球杆状，毒力菌株有菲薄的微荚膜，经传代培养渐呈杆状，革兰染色阴性。在自然界中抵抗力较强，在病畜的脏器和分泌物中，一般能存活 4 个月左右，在食品中约能生存 2 个月。对低温的抵抗力也强，对热和消毒剂抵抗力弱。对链霉素、氯霉素和四环素等均敏感。

（二）病原体征

波浪状发烧为其主要特点，发烧约 2 ~ 3 周，继之 1 ~ 2 周无烧期，以后再发烧。常伴多汗、头痛、乏力、游走性关节痛（主要为大关节）。有时全身症状消退后，才出现局部症状。腰椎受累后，出现持续性腰背痛，伴肌肉痉挛，活动受限后影响行走。常可产生坐骨神经痛。局部有压痛及叩痛，少数病人于髂窝处可扪及脓肿包块；也可产生硬膜外脓肿压迫脊髓及神经根，出现感觉、运动障碍或截瘫。同时可伴有肝、脾肿大，区域性淋巴结肿大等表现。

慢性病人可伴有其他多处的关节病变。但大多数发生在腰椎，少数发生在胸椎、胸腰段、骶椎或骶髂关节者。男性病人可有睾丸肿大，睾丸炎症表现。本病有"自愈"趋势，但历时较长，未接受治疗者复发率约占 6% ~ 10%。

（三）污染途径

布氏杆菌引起的人畜共患传染病，在我国部分地区曾有流行，以羊布氏杆菌病最为多见。牲畜是布氏杆菌病的唯一传染源，动物传染人的途径如下：

（1）经皮肤黏膜传染。与病畜密切接触的饲养、屠宰、挤乳等从业人员由于未采取必要的个人防护，皮肤或黏膜直接与病原体接触引起传染。

（2）经食物传染。人吃下带有病菌而未煮熟的肉、乳或乳类制品时，可经消化道传染。病菌也可通过污染的手、食具等间接污染食物而侵入人体。人群发病高峰往往在动物发病1个月左右后出现。其临床特点为长期发热、多汗、关节痛、早产、不孕、睾丸炎及肝脾肿大等。本病仍然是通过食物途径或接触途径威胁人类的较为严重的一种人畜共患病。

（四）预防措施

（1）管理传染源。加强病畜管理，发现患畜应隔离于专设牧场中。流产胎盘应加生石灰深埋。患病的人应及时隔离至症状消失，血、尿培养阳性。病人的排泄物、污染物应予消毒。

（2）切断传播途径。疫区的乳类、肉类及皮毛需严格消毒灭菌后才能外运。保护水源。

（3）保护易感人畜。凡有可能感染本病的人员均应进行预防接种，目前多采用M-104冻活菌苗，划痕接种，免疫期1年。另外，凡从事牲畜业的人员均应做好个人防护。牧区牲畜也应预防接种。

五、猪丹毒杆菌对食品的污染及预防

（一）病原体

猪丹毒杆菌是一种纤细的小杆菌，形直或略弯。从慢性病灶分离出的菌株呈不分枝长丝或中等长度的链状。革兰染色阳性。微嗜氧，在普通培养基上能生长。本菌对自然环境的抵抗力较强，耐胃酸。对热的抵抗力较差，对一般消毒药敏感。对四环素和呋喃妥因次之。易感猪以皮肤划痕或皮内注射易成功复制病例。

（二）病原体征

本病潜伏期1~7天。症状按猪抵抗力与猪丹毒杆菌毒力的强弱分为急性败血型、亚急性疹块型和慢性型。

1.急性败血型

此型的病猪常突然暴发，急性经过，高死亡率。病猪体温高达42℃~43℃，稽留不退。躺卧不起、绝食、衰弱、有时呕吐。结膜冲血，眼睛清亮。粪便干硬呈栗状，附有黏液。有的猪皮肤潮红、发紫，用手按压褪色，停止按压时又恢复。死亡率可高达80%。

2.亚急性疹块型

其特征为皮肤表面出现疹块，俗称"打火印"。病猪食欲减退、精神不振，体温增加到41℃以上，便秘、呕吐。发病 1 ~ 4 天后，在背、腹、胸侧、颈部、肩、四肢外面等皮肤的表面出现深红色、大小不等的疹块，呈方形、菱形或圆形隆起。指压褪色并有硬感。病程 1 ~ 2 周。

3. 慢性型

主要症状是四肢关节炎性肿胀和心内膜炎。可见关节肿胀、变形，步态僵硬，跛行或卧地不起，食欲时好时坏，心跳加快，呼吸急促。皮肤坏死型可见背、肩、蹄等皮肤局部肿胀、隆起、坏死、变黑变硬、脱落。人感染猪丹毒杆菌所致的疾病称为"类丹毒"，多是由皮肤损伤感染引起的，感染部位肿胀、发硬、暗红、灼热、疼痛。常伴淋巴结肿胀，间或发生败血症，关节炎和心内膜炎，甚至肢端坏死。青霉素可治愈。病后不遗留，长期免疫性。

（三）污染途径

病猪和带菌猪是本病的传染源，通过病猪分泌物、排泄物及污染物等传染。健康猪经消化道、损伤皮肤黏膜或蚊蝇叮咬感染。

（四）预防措施

平时要加强饲养管理，猪舍用具要保持清洁，加强检疫，定期预防接种和预防性投药，免疫接种丹毒疫苗前后 1 周禁止使用抗生素及其他化学药物。仔猪一般在50 ~ 60 天龄进行免疫接种，种猪群每年免疫 2 次，每次相隔 6 个月。兽医、屠宰加工人员，在处理和加工操作中，需注意防护和消毒，以防传染。

第六章　食品微生物安全检验技术

第一节　食品企业微生物实验室的基本要求和配置

一、食品企业微生物实验室的基本要求

（一）无菌操作要求

食品微生物实验室工作人员，必须有严格的无菌观念，食品微生物检验要求在无菌条件下进行。

（1）接种细菌时必须穿工作服、戴工作帽。

（2）进行接种食品样品时，必须穿专用的工作服、帽及拖鞋，应放在无菌室缓冲间，工作前经紫外线消毒后使用。

（3）接种食品样品时，应在进无菌室前用肥皂洗手，然后用75%酒精棉球将手擦干净。

（4）进行接种所用的吸管，平皿及培养基等必须经消毒灭菌，打开包装未使用完的器皿，不能放置后再使用。金属用具应高压灭菌或用95%酒精点燃烧灼三次后使用。

（5）从包装中取出吸管时，吸管尖部不能触及外露部位，使用吸管接种于试管或平皿时，吸管尖不得触及试管或平皿边。

（6）接种样品、转种细菌必须在酒精灯前操作，接种细菌或样品时，吸管从包装中取出后及打开试管塞都要通过火焰消毒。

（7）接种环（针）在接种细菌前应经火焰烧灼全部金属丝，必要时还要烧到环（针）与杆的连接处，接种结核菌和烈性菌的接种环应在沸水中煮沸5min，再经火焰烧灼。

（8）吸管吸取菌液或样品时，应用相应的橡皮头吸取，不得直接用口吸。

（二）无菌室无菌程度的检测

无菌室的标准要符合良好作业规范（Good Manufacturing Practice，GMP）洁净度的标准要求。无菌室在消毒处理后，无菌试验前及操作过程中需检查空气中菌落数，

以此来判断无菌室是否达到规定的洁净度，常有沉降菌和浮游菌检测方法。

1.沉降菌检测方法

以无菌方式将 3 个营养琼脂平板带入无菌操作室，在操作区台面左、中、右各放 1 个；打开平板盖，在空气中暴露 30min 后将平板盖好，置 32.5℃ ±2.5℃培养 48h 后，取出检查。每批培养基应选定 3 只培养皿做对照培养。

2.浮游菌检测方法

用专门的采样器，宜采用撞击法机制的采样器，一般采用狭缝式或离心式采样器，并配有流量计和定时器，严格按仪器说明书的要求操作并定时校检，采样器和培养皿进入被测房间前先用消毒房间的消毒剂灭菌，使用的培养基为营养琼脂培养基或药典认可的其他培养基。使用时，先开动真空泵抽气，时间不少于 5min，调节流量、转盘、转速。关闭真空泵，放入培养皿，盖上采样器盖子后调节缝隙高度。置采样口采样点后，依次开启采样器、真空泵，转动定时器，根据采样量设定采样时间。全部采样结束后，将培养皿置 32.5℃ ±2.5℃培养 48h，取出检查。每批培养基应选定 3 只培养皿做对照培养。

3.监测无菌室的洁净程度的注意事项

（1）采样装置采样前的准备及采样后的处理，均应在设有高效空气过滤器排风的负压实验室进行操作，该实验室的温度为 22℃ ±2℃；相对湿度应为 50% ±10%。

（2）采样器应消毒灭菌，采样器选择应审核其精度和效率，还有合格证书。

（3）浮游菌采样器的采样率宜大于 100L/min；碰撞培养基的空气速度应小于 20m/s。

（三）消毒灭菌要求

微生物检测用的玻璃器皿、金属用具及培养基、被污染和接种的培养物等，必须经灭菌后方能使用。

（四）有毒有菌污物处理要求

微生物实验所用实验器材、培养物等未经消毒处理，一律不得带出实验室。

（1）经培养的污染材料及废弃物应放在严密的容器或铁丝筐内，并集中存放在指定地点，待统一进行高压灭菌。

（2）经微生物污染的培养物，必须经 121℃、30min 高压灭菌。

（3）染菌后的吸管，使用后放入 5% 煤酚皂溶液或石炭酸液中，最少浸泡 24h（消毒液体不得低于浸泡的高度），再经 121℃、30min 高压灭菌。

（4）涂片染色冲洗片的液体，一般可直接冲入下水道，烈性菌的冲洗液必须冲在烧杯中，经高压灭菌后方可倒入下水道，染色的玻片放入 5% 煤酚皂溶液中浸泡 24h 后，煮沸洗涤。做凝集试验用的玻片或平皿，必须高压灭菌后洗涤。

（5）打碎的培养物，立即用 5% 煤酚皂溶液或石炭酸液喷洒和浸泡被污染部位，浸泡半小时后再擦拭干净。

（6）污染的工作服或进行烈性试验所穿的工作服、帽、口罩等，应放入专用消毒袋内，经高压灭菌后方能洗涤。

二、食品企业微生物实验室的配置

食品微生物检验对实验室的环境、人员、设备、检验用品、培养基、试剂和菌株七个方面进行了配置。

（一）环境

（1）实验室环境不应影响检验结果的准确性。

（2）实验室的工作区域应与办公室区域明显分开。

（3）实验室工作面积和总体布局应能满足从事检验工作的需要，实验室布局应采用单方向工作流程，避免交叉污染。

（4）实验室内环境的温度、湿度、照度、噪声和洁净度等应符合工作要求。

（5）一般样品检验应在洁净区域（包括超净工作台或洁净实验室）进行，洁净区域应有明显的标示。

（6）病原微生物分离鉴定工作应在二级生物安全实验室进行。

（二）人员

（1）检验人员应具有相应的教育、微生物专业培训经历，具备相应的资质，能够理解并正确实施检验。

（2）检验人员应掌握实验室生物检验安全操作知识和消毒知识。

（3）检验人员应在检验过程中保持个人整洁与卫生，防止人为污染样品。

（4）检验人员应在检验过程中遵守相关预防措施的规定，保证自身安全。

（5）有颜色视觉障碍的人员不能执行涉及辨色的实验。

（三）设备

（1）实验设备应满足检验工作的需要。

（2）实验设备应放置于适宜的环境条件下，便于维护、清洁、消毒与校准，并保持整洁与良好的工作状态。

（3）实验设备应定期进行检查、检定（加贴标识）、维护和保养，以确保工作性能和操作安全。

（4）实验设备应有日常性监控记录和使用记录。

（四）检验用品

（1）常规检验用品主要有接种环（针）、酒精灯、镊子、剪刀、药匙、消毒棉球、硅胶（棉）塞、微量移液器、吸管、吸球、试管、平皿、微孔板、广口瓶、量筒、玻棒及 L 形玻棒等。

（2）检验用品在使用前应保持清洁或无菌。常用的灭菌方法包括湿热法、干热法、化学法等。

第二节 食品安全标准中微生物指标及意义

一、食品安全标准中微生物检验指标

食品在食用前的各个环节中，被微生物污染往往是不可避免的。食品微生物检验指标是根据食品卫生的要求，从微生物学的角度，对各种食品提出的具体指标要求。我国卫生部颁布的食品微生物检验指标有菌落总数、大肠菌群和致病菌三大项。

（一）菌落总数

菌落总数是指食品检样经过处理，在一定条件下培养后所得 1g 或 1mL 或 $1cm^2$（表面积）检样中所含细菌菌落的总数。它可以反映食品的新鲜度、被细菌污染的程度和食品生产的一般卫生状况等。因此它是判断食品卫生质量的重要依据之一。

（二）大肠菌群

大肠菌群是指一群在 37℃ 条件下培养 24h 能发酵乳糖、产酸、产气，需氧和兼性厌氧的革兰阴性无芽孢杆菌。这些细菌是人及温血动物肠道内的常居菌，随着大便排出体外。如果食品中大肠菌群数越多，说明食品受粪便污染的程度越大。故以大肠菌群作为粪便污染食品的卫生指标来评价食品的卫生质量，具有广泛的意义。

（三）致病菌

致病菌即能引起人们发病的细菌。食品中不允许有致病菌存在，这是食品卫生质量指标中必不可少的标准之一。致病菌种类繁多，随着食品的加工、贮藏条件各异，食品被污染的情况是不同的。如何检验食品中的致病菌，只有根据不同食品可能污染的情况来做针对性的检查。对不同的食品，应选择一定的参考菌进行检验。例如，海产品以副溶血性弧菌作为参考菌群。蛋与蛋制品以沙门氏菌、金黄色葡萄球菌、变形杆菌等作为参考菌群。米、面类食品以蜡样芽孢杆菌、变形杆菌、霉菌等作为参考菌群。罐头食品以耐热性芽孢菌作为参考菌群，等等。

（四）霉菌及其毒素

由于很多霉菌能够产生毒素，引起疾病，故应该对产毒霉菌进行检验。例如，曲霉属的黄曲霉、寄生曲霉等；青霉属的橘青霉、岛青霉等；镰刀霉属的串珠镰刀霉、禾谷镰刀霉等。

（五）其他指标

微生物指标还应包括病毒，如肝炎病毒、猪瘟病毒、鸡新城疫病毒、马立克病毒、狂犬病毒、口蹄疫病毒、猪水疱病毒等与人类健康有直接关系的病毒微生物，在一定场合下也是食品微生物检验的指标。

另外，从食品检验的角度考虑，寄生虫也被很多学者列为微生物检验的指标。

二、食品安全标准中微生物检验的意义

食品中丰富的营养成分为微生物的生长、繁殖提供了充足的物质基础，是微生物良好的培养基，因而，微生物污染食品后很容易生长繁殖，造成食品的变质，失去其应有的营养成分，更重要的是，一旦人们食用了被微生物污染的食物，会发生各种急性和慢性中毒表现，甚至有致癌、致畸、致突变作用的远期效应。因此，对食品从加工到食用之前的各个环节按照国家标准进行微生物学检验，是确保食品质量和食品安全的重要手段，也是食品卫生标准和食品质量监测必不可少的重要组成部分，是衡量食品卫生质量的重要指标之一。通过食品微生物检验，可以判断食品加工环境及食品卫生环境，能够对食品被细菌污染的程度做出正确的评价，为各项卫生管理工作提供科学依据，提供传染病和食物中毒的防治措施。食品微生物检验坚持贯彻"预防为主"的卫生方针，可以有效地防止或者减少食物中毒及人畜共患病的发生，保障人们的身体健康。同时，它对提高产品质量，避免经济损失，保证出口等方面具有政治上和经济上的重要意义。

第三节　常见食品微生物检验样品的采集与处理

一、肉与肉制品样品的采集与处理

健康畜禽的肉、血液以及有关脏器组织，一般是无菌的。根据加工过程的顺序进行取样检验，前面工序的肉可检出的菌数少，越到后面的工序和最后的肉及至包装之前，细菌污染越严重，1g肉可检出亿万个细菌，少者也有几万个细菌。

肉制品大多要经过浓盐或高温处理，肉上的微生物（包括病原微生物），凡不耐浓盐和高温的，都会死亡。但芽孢或孢子却可以不受高浓度盐或高温的影响而保存下来，如肉毒杆菌的芽孢体，可以在腊肉、火腿、香肠中存活。

（一）样品的采集和送检

（1）生肉及脏器检样。屠宰场宰后的畜肉，可于开腔后，用无菌刀采取两腿内侧肌肉各50g（或劈半后采取两侧背最长肌肉各50g）；冷藏或销售的生肉，可用无菌刀取肥肉或其他部位的肌肉100g。检样采取后放入无菌容器内，立即送检；如条件不许可时，最好不超过3h。送检时应注意冷藏，不得加入任何防腐剂。检样送往化验室应立即检验或放置冰箱暂存。

（2）禽类（包括家禽和野禽）。采取整只放无菌容器内，处理要求同生肉。

（3）各类熟肉制品。一般采取整只熟禽，均放无菌容器内，立即送检。

（4）腊肠、香肚等生灌肠。原则上采取整根、整只，小型的可采数根、数只，其总量不得少于250g。

（二）检样的处理

（1）生肉及脏器检样的处理。将检样先进行表面消毒（在沸水内烫3~5s，或灼烧消毒），再用无菌剪子剪取检样深层肌肉25g，放入无菌乳钵内用灭菌剪子剪碎后，加灭菌海沙或玻璃砂研磨，磨碎后加入灭菌水225mL，混匀后即为1∶10稀释液。

（2）鲜家禽检样的处理。将检样先进行表面消毒，用灭菌剪子或刀去皮后，剪取肌肉25g，以下处理同生肉。带毛野禽去毛后，同家禽检样处理。

（3）各类熟肉制品检样的处理。直接切取或称取25g，以下处理同生肉。

（4）腊肠、香肠等生灌肠检样处理。先对生灌肠表面进行消毒，用灭菌剪子剪取内容物25g，以下处理同生肉。

以上均以检验肉禽及其制品内的细菌含量来判断其质量鲜度为目的。若需检验样品受外界环境污染的程度或是否带有某种致病菌，应用棉拭采样法。

（三）棉拭采样法和检样处理

检验肉禽及其制品受污染的程度，一般可用板孔5cm²的金属制规板压在受检物上，将灭菌棉拭稍沾湿，在板孔5cm²的范围内揩抹多次，然后将板孔规板移压另一点，用另一棉拭揩抹，如此共移压揩抹10次，总面积50cm²，共用10只棉拭。每支棉拭在揩抹完毕后应立即剪断或烧断后，投入盛有50mL灭菌水的三角烧瓶或大试管中，立即送检。检验时先充分振摇三角烧瓶、管中的液体，作为原液，再按要求作10倍递增稀释。

检验致病菌，不必用规板，在可疑部位用棉拭揩抹即可。

二、乳与乳制品样品的采集与处理

（一）样品的采集和送检

（1）散装或大型包装的乳品。用灭菌刀、勺取样，在移采另一件样品前，刀、勺应先清洗灭菌。采样时要注意采样部位具有代表性。每件样品数量不少于200g，放入灭菌容器内及时送检。鲜乳一般不应超过3h，在气温较高或路途较远的情况下应进行冷藏，不得使用任何防腐剂。

（2）小型包装的乳品。应采取整件包装，采样时应注意包装的完整。各种小型包装的乳与乳制品，每件样品量为牛奶1瓶或1包；消毒奶1瓶或1包，奶粉1瓶或1包（大包装者200g）；奶油1块；酸奶1瓶或1罐；炼乳1瓶或1罐；奶酪（干酪）1个。

（3）成批产品。对成批产品进行质量鉴定时，其采样数量每批以千分之一计算，不足千件者抽取1件。

（二）检样的处理

（1）鲜奶、酸奶。以无菌操作去掉瓶口的纸罩纸盖，瓶口经火焰消毒后以无菌操作吸取25mL检样，放入装有225mL灭菌生理盐水的三角烧瓶内，振摇均匀（酸乳如有水分析出于表层，应先去除）。

（2）炼乳。将瓶或罐先用温水洗净表面，再点燃酒精棉球消毒瓶或罐的上表面，然后用灭菌的开罐器打开罐（瓶），以无菌操作称取25g(mL)检样，放入装有225mL灭菌生理盐水的三角瓶内，振摇均匀。

（3）奶油。以无菌操作打开包装，取适量检样置于灭菌三角烧瓶内，在45℃水浴或温箱中加温，溶解后立即将烧瓶取出，用灭菌吸管吸取25mL奶油放入另一含225mL灭菌生理盐水或灭菌奶油稀释液的烧瓶内（瓶装稀释液应预置于45℃水浴中保温，作10倍递增稀释时所用的稀释液相同），振摇均匀，从检样融化到接种完毕的时间不应超过30min。

注：奶油稀释液为格林氏液（配法：氯化钠9g，氧化钾0.12g，氯化钙0.24g，碳酸氢钠0.2g、蒸馏水1000mL)250mL、蒸馏水750mL、琼脂1g、加热溶解，分装每瓶225mL，121℃灭菌15min。

（4）奶粉。罐装奶粉的开罐取样法同炼乳处理，袋装奶粉应用蘸有75%酒精的棉球涂擦消毒袋口，以无菌操作开封取样，称取检样25g，放入装有适量玻璃珠的灭菌三角烧瓶内，将225mL温热的灭菌生理盐水徐徐加入（先用少量生理盐水将奶粉调成糊状，再全部加入，以免奶粉结块），振摇使充分溶解和混匀。

（5）奶酪。先用灭菌刀削去部分表面封蜡，用点燃的酒精棉球消毒表面，然后用灭菌刀切开奶酪，以无菌操作切取表层和深层检样各少许，置于灭菌乳钵内切碎，加入少量生理盐水研成糊状。

三、蛋与蛋制品样品的采集与制备

（一）样品的采集和送检

（1）鲜蛋。用流水冲洗外壳，再用75%酒精棉球涂擦消毒后放入灭菌袋内，加封做好标记后送检。

（2）全蛋粉、巴氏消毒全蛋粉、蛋黄粉、蛋白片。将包装铁箱上开口处用75%酒精棉球消毒，然后将盖开启，用灭菌的金属制双层旋转式套管采样器斜角插入箱底，使套管旋转收取检样，再将采样器提出箱外，用灭菌小匙自上、中、下部收取检样，装入灭菌广口瓶中，每个检样质量不少于100g，标明后送检。

（3）冰全蛋、巴氏消毒冰全蛋、冰蛋黄、冰蛋白。先将铁听开口处用75%酒精棉球消毒，然后将盖开启，用灭菌电钻由顶到底斜角钻入，徐徐钻取检样，然后抽出电钻，从中取出200g检样装入灭菌广口瓶中，标明后送检。

（4）对成批产品进行质量鉴定时的采样数量。全蛋粉、巴氏消毒全蛋粉、蛋黄粉、蛋白片等产品以一日或一班生产量为一批，检验沙门氏菌时，按每批总量5%抽样（每100箱中抽验5箱，每箱一个检样），最少不得少于3个检样；测定菌落总数和大肠菌群时，每批安装听过程前、中、后取样3次，每次取样50g，每批合为一个检样。冰全蛋、巴氏消毒冰全蛋、冰蛋黄、冰蛋白等产品按每500kg取样一件。菌落总数测定和大肠菌群测定时，在每批装听过程前、中、后取样3次，每次取样50g合为一个检样。

（二）检样的处理

（1）鲜蛋外壳。用灭菌生理盐水浸湿的棉拭充分擦拭蛋壳，然后棉拭直接放入培养基内增菌培养，也可将整只鲜蛋放入灭菌小烧杯或平皿中，按检样要求加入定量灭菌生理盐水或液体培养基，用灭菌棉拭将蛋壳表面充分擦洗后，以擦洗液作为检样检验。

（2）鲜蛋蛋液。将鲜蛋在流水下洗净，待干后再用75%酒精棉球消毒蛋壳，然后根据检验要求，开蛋壳取出蛋白、蛋黄或全蛋液，放入带有玻璃珠的灭菌瓶内充分摇匀待检。

（3）全蛋粉、巴氏消毒全蛋粉、冰蛋黄、蛋白片。将检样放入带有玻璃珠的灭菌瓶内，按比例加入灭菌生理盐水充分摇匀待检。

（4）冰全蛋、巴氏消毒冰全蛋、冰蛋黄、冰蛋白。将装有冰蛋检样的瓶子浸泡于流动冷水中，待检样融化后取出，放入带有玻璃珠的灭菌瓶内充分摇匀待检。

（5）各种蛋制品沙门氏菌增菌培养。以无菌操作称取检样，接种于亚硒酸盐煌绿或煌绿肉汤等增菌培养基中（此培养基预先置于盛有适量玻璃珠的灭菌瓶内），盖紧瓶盖，充分摇匀，然后放入（36±1）℃温箱中培养（20±2）h。

（6）接种以上各种蛋与蛋制品数量及培养基的数量和成分。凡用亚硒酸盐煌绿增菌培养时，各种蛋与蛋制品的检样接种数量都为30g，培养基数量都为150mL。

四、水产食品样品的采集与处理

（一）样品的采集和送检

现场采取水产食品样品时，应按检验目的和水产品的种类确定采样量。除个别大型鱼类和海兽只能割取其局部作为样品外，一般都采完整的个体，待检验时再按要求在一定部位采取检样。以判断质量鲜度为目的时，鱼类和体较大的贝甲类虽然应以个体为一件样品，单独采取，但若需对一批水产品作质量判断时，应采取多个个体做多件检样以反映全面质量；鱼糜制品（如灌肠、鱼丸等）和熟制品采取250g，放灭菌容器内。

水产食品含水较多，体内酶的活力旺盛，容易发生变质。采样后应在3h以内送检，在送检过程中一般加冰保藏。

（二）检样的处理

（1）鱼类。采取检样的部位为背肌。用流水将鱼体体表冲净、去鳞，再用75％酒精的棉球擦净鱼背，待干后用灭菌刀在鱼背部沿脊椎切开5cm，沿垂直于脊椎的方向切开两端，使两块背肌分别向两侧翻开，用无菌剪子剪取25g鱼肉，放入灭菌乳钵内，用灭菌剪子剪碎，加灭菌海沙或玻璃砂研磨（有条件情况下可用均质器），检样磨碎后加入225mL灭菌生理盐水，混匀成稀释液。鱼糜制品和熟制品应放在乳钵内进一步捣碎后，再加入生理盐水混匀成稀释液。

（2）虾类。采取检样的部位为腔节内的肌肉。将虾体在流水下冲净，摘去头胸节，用灭菌剪子剪除腹节与头胸节连接处的肌肉，然后挤出腔节内的肌肉，称取25g放入灭菌乳钵内，以后操作同鱼类检样处理。

（3）蟹类。采取检样的部位为胸部肌肉。将蟹体在流水下冲净，剥去壳盖和腹脐，去除鳃条，再置流水下冲净。用75％酒精棉球擦拭前后外壁，置灭菌搪瓷盘上待干。然后用灭菌剪子剪开，成左右两片，用双手将一片蟹体的胸部肌肉挤出（用手指从足根一端向剪开的一端挤压），称取25g，置灭菌乳钵内。以下操作同鱼类检样处理。

（4）贝壳类。采样部位为贝壳内容物。用流水刷洗贝壳，刷净后放在铺有灭菌毛巾的清洁的搪瓷盘或工作台上，采样者将双手洗净，75％酒精棉球涂擦消毒，用灭菌小钝刀从贝壳的张口处隙缝中缓缓切入，撬开壳盖，再用灭菌镊子取出整个内容物，称取25g置灭菌乳钵内，以下操作同鱼类检样处理。

以上检样处理的方法和检验部位均以检验水产食品肌肉内细菌含量从而判断其鲜度质量为目的。若检验水产食品是否污染某种致病菌时，检样部位应为胃肠消化道和鳃等呼吸器官；鱼类检取肠管和鳃；虾类检取头胸节内的内脏和腹节外沿处的肠管；蟹类检取胃和鳃条；贝类中的螺类检取腹足肌肉以下的部分；贝类中的双壳类检取覆盖在斧足肌肉外层的内脏和瓣鳃等。

五、清凉饮料样品的采集与处理

（一）样品的采集和送检

（1）瓶装汽水、果味水、果子露、鲜果汁水、酸梅汤、可乐型饮料，应采取原瓶、袋和盒装样品；散装者应用无菌操作采取 500mL，放入灭菌磨口瓶中。

（2）冰激凌、冰棍。取原包装样品；散装者用无菌操作采取，放入灭菌磨口瓶中，再放入冷藏或隔热容器中。

（3）食用冰块。取冷冻冰块放入灭菌容器内。所有的样品采取后，应立即送检，最多不得超过 3h。

（二）检样的处理

（1）瓶装饮料。用点燃的酒精棉球烧灼瓶口灭菌，用石炭酸纱布盖好，塑料瓶口可用 75% 酒精棉球擦拭灭菌，用灭菌开瓶器将盖启开，含有二氧化碳的饮料可倒入另一灭菌容器内，口勿盖紧，覆盖一灭菌纱布，轻轻摇荡。待气体全部逸出后，进行检验。

（2）冰棍。用灭菌镊子除去包装纸，将冰棍部分放入灭菌磨口瓶内，木棒留在瓶外，盖上瓶盖，用力抽出木棒，或用灭菌剪子剪掉木棒，置 45℃水浴 30min。溶化后立即进行检验。

（3）冰激凌。放在灭菌容器内，待其溶化，立即进行检验。

六、调味品样品的采集与处理

（一）样品的采集和送检

（1）酱油和食醋。装瓶者采取原包装，散装样品可用灭菌吸管采取。

（2）酱类。用灭菌勺子采取，放入灭菌磨口瓶内送检。

（二）检样的处理

（1）瓶装调味品。用点燃的酒精棉球烧灼瓶口灭菌，用石炭酸纱布盖好，再用灭菌开瓶器启开后进行检验。

（2）酱类。用无菌操作称取 25g，放入灭菌容器内，加入灭菌蒸馏水 225mL，制成混悬液。

（3）食醋。用 20% ~ 30% 灭菌碳酸钠溶液调其 pH 值到中性。

七、冷食菜、豆制品样品的采集与处理

（一）样品的采取和送检

（1）冷食菜。将样品混匀，采取后放入灭菌容器内。

（2）豆制品。采集接触盛器边缘、底部及上面不同部位样品，放入灭菌容器内。

（二）检样的处理

以无菌操作称取 25g 检样，放入 225mL 灭菌蒸馏水，制成混悬液。

八、糖果、糕点、果脯样品的采集与处理

糕点、果脯等此类食品大多是由糖、牛奶、鸡蛋、水果等为原料而制成的甜食。部分食品有包装纸，污染机会较少，但由于包装纸、盒不清洁，或没有包装的食品放于不洁的容器内也可造成污染。带馅儿的糕点往往因加热不彻底，存放时间长或温度高，而使细菌大量繁殖。带有奶花的糕点，存放时间长时，细菌可大量繁殖，造成食品变质。

（一）样品的采集和送检

糕点、果脯可用灭菌镊子夹取不同部位样品，放入灭菌容器内；糖果采取原包装样品，采取后立即送检。

（二）样品采集数量

（1）糕点。如为原包装，用灭菌镊子夹下包装纸，采取外部及中心部位；如为带馅儿糕点，取外皮及内馅儿25g；奶花糕点，采取奶花及糕点部分各一半共25g，加入225mL灭菌生理盐水中，制成混悬液。

（2）果脯。采取不同部位称取25g检样，加入灭菌生理盐水225mL，制成混悬液。

（3）糖果。用灭菌镊子夹取包装纸，称取数块共25g，加入预温至45℃的灭菌生理盐水225mL待溶化后检验。

九、酒类样品的采集与处理

酒类一般不进行微生物学检验，进行检验的主要是酒精度低的发酵酒。因酒精度低，不能抑制细菌生长。尤其是散装生啤酒，因不加热往往生存大量细菌。污染主要来自原料或加工过程中不注意卫生操作而沾染水、土壤及空气中的细菌。

（一）样品的采集和送检

瓶装酒类应采取原包装样品；散装酒类应用灭菌容器采取，放入灭菌磨口瓶中。

（二）检样的处理

（1）瓶装酒类。用点燃的酒精棉球烧灼瓶口灭菌，用石炭酸纱布盖好，再用灭菌开瓶器将盖启开，含有二氧化碳的酒类可倒入另一灭菌容内，口勿盖紧，覆盖一纱布，轻轻摇荡，待气体全部逸出后，进行检验。

（2）散装酒类。可直接吸取，进行检验。

十、粮食样品的采集与处理

粮食最易被霉菌污染，由于遭受到产毒霉菌的侵染，不但发生霉败变质，造成经济上的巨大损失，而且能够产生各种不同性质的霉菌毒素。因此，加强对粮食中的霉菌检验具有重要意义。

（一）样品的采集

根据粮囤、粮垛的大小和类型，按三层五点法取样，或分层随机采取不同的样品混匀，取 500g 左右做检验用，每增加 10000t，增加一个混样。

（二）样品的处理

为了分离侵染粮粒内部的霉菌，在分离培养前，必须先将附在粮粒表面的霉菌除去。取粮粒 10 ~ 20g，放入灭菌的 150mL 三角瓶中，采取无菌技术，加入无菌水超过粮粒 1 ~ 2cm，塞好棉塞充分振荡 1 ~ 2min，将水倒净，再换水振荡，如此反复洗涤 10 次，最后将水倒去，将粮粒倒在无菌平皿中备用。如为原粮（如玉米、小麦等），需先用 75% 酒精浸泡 1 ~ 2min，以脱去粮粒表面的蜡质，倾去酒精后再用无菌水洗涤粮粒，备用。

第七章　绿色食品的基本内容与检验研究

第一节　绿色食品的基本知识

一、绿色食品的概念

绿色食品是指遵循可持续发展原则，按照特定生产方式生产，经专门机构认定、许可使用绿色食品标志商标的无污染的安全、优质、营养类食品。绿色食品与符合国家相关标准的一般食品同样都具有安全性，绿色食品的真正含义在于它具有一般食品所不具备的特征，即"安全和营养"的双重保证，"环境和经济"的双重效益。它要求产自良好生态环境，在生产加工过程中通过严密监测、控制，防范或减少化学物质污染、生物性污染以及环境污染。绿色食品融入了环境保护与资源可持续利用的意识，融入了对产品实施全过程质量控制的意识和依法对产品实行标志管理的知识产权保护意识。因此，绿色食品的内涵明显区别于普通食品。

绿色食品除了要求最终产品质量安全达到相关标准外，还要求其产品及其生产资料的产地及来源也要达到相关标准，即要实施从"土地到餐桌"的全程质量控制。自然资源和生态环境是食品生产的基本条件，而国际上通常将与生命、资源、环境保护相关的事物冠之以"绿色"，为了突出这类食品出自良好的生态环境，并能给人们带来旺盛的生命活力，因此将其定名为"绿色食品"。

绿色食品特定的生产方式是指按照标准生产、加工，对产品实施全程质量控制，依法对产品实行标志管理。

发展绿色食品必须遵循可持续发展的原则，从保护、改善生态环境入手，以开发无污染食品为突破口，将保护环境、发展经济、增进人们健康紧密地结合起来，促成环境、资源、经济、社会发展的良性循环。

二、绿色食品的特征

安全、优质、营养是绿色食品的特征。绿色食品与普通食品相比有三个显著特征。

（一）产品出自最佳生态环境

农业生产需要在适宜的环境下进行，环境也是资源，各环境因子由于直接或间接参与了农产品的形成，进而影响农产品的产量和质量。近年来，由于工业、农业、农村生活污染等日益加剧，大气、土壤、水体污染严重，造成农业环境质量不断下降，不仅直接影响了在该环境下生活的动、植物，还造成农产品的产量及品质降低，最终影响人类的健康甚至生命。因此，在绿色食品生产中，对环境有严格的要求，强调环境是生产的基础和前提。进行绿色食品生产的基本条件是："绿色食品及原料产地必须符合绿色食品产地环境质量标准。"因此，进行绿色食品生产首先应从原料产地及绿色食品产地的生态环境入手，通过对绿色食品产品与原料产地及其周围的大气、土壤、水质等环境因子严格监测，判定其是否具备生产绿色食品的基本条件。

绿色食品产品及原料产地环境标准的基本要求是空气清新、水质纯净、土壤未受污染、农业生态环境质量良好。在确定该区域环境符合绿色食品产地标准的基础上，还要求生产企业或当地政府有切实可行的保证措施，确保该区域在今后的生产过程中环境质量不下降。

（二）对产品实行全程质量控制

绿色食品生产实行"从土地到餐桌"全程质量控制，即绿色食品生产除了要对其最终产品进行有害成分及其含量和卫生指标进行检测外，更主要的是对整个生产过程实施全程质量监控。首先，在生产前由定点环境监测机构对绿色食品产地环境质量进行监测和评价（包括生产、加工区域的大气、土壤、灌溉水、畜禽养殖水、渔业养殖水和食品加工用水等），以保证产地环境条件符合绿色食品产地环境技术要求。其次，在生产过程中，要严格执行绿色食品种植、养殖和食品加工等操作规程，并由委托管理机构派检查员检查生产者是否按照绿色食品生产技术标准进行生产，检查生产企业的生产资料购买、使用情况，以证明生产行为对产品质量和产地环境质量是有益的。最后，生产后由定点产品监测机构对最终产品进行检验，确保最终产品符合绿色食品标准。

绿色食品生产，改变了仅以最终产品的检验结果评定产品质量优劣的传统检测模式，是我国目前在食品行业和农业上最先推广的全程质量控制模式，树立了一个全新的质量观。由于绿色食品生产实施全程质量控制，这就不仅要求在生产过程中，更要求在生产前、生产后加大技术投入，规范和加大管理力度，有利于提高整个生产过程的技术含量，规范生产，推动农业和食品工业的技术进步，大幅度提高农产品的竞争力。

（三）对产品依法实行标志管理

绿色食品产品的包装上都同时印有绿色食品商标标志、文字和批准号，其中标志是以"绿色食品"4个字为绿色衬托的白色图案[5]。标签上还贴有中国绿色食品发展中心的统一防伪标签，该标签上的编号应与产品包装标签上的编号一致。

绿色食品标志是一个质量证明商标，属知识产权范畴，受《中华人民共和国商标法》保护。目前我国的绿色食品标志已在日本等国家和地区注册，绿色食品标志已日趋全球化，在全球范围内拥有一定的市场，成为农业突破绿色壁垒的一条有效途径。

三、绿色食品污染及产生的背景

（一）食品污染与人类健康

食物、空气和水共同构成保障人体健康的三大要素，食物的营养成分是构成人体组织和免疫系统的基本物质，食物的好坏直接影响到每一个人的健康状况。随着现代工业革命的兴起，食物这一维系人类生命健康的物质，变得愈来愈不安全。来自各个方面的污染，通过生产、加工、贮存、包装等各环节破坏了食品的安全性，食品污染已经成为一个世界性的问题。

在所有环境污染对人类健康的危害中，食品污染的危害最大、最直接。目前，在世界范围内，食品污染问题日益尖锐、突出。世界卫生组织报告说，严密监控与食物相关疾病的出现已成为许多国家公众健康议题的首要内容。

1. 食品污染

食品污染是指在食品生产及经营过程中，各种无机的、有机的以及生物的，可能对人体健康产生危害的物质介入食品的现象。微生物性污染和化学性污染是食品污染的主要形式。

食品给人类带来两方面的作用：一方面为人们提供所需的蛋白质、脂肪、碳水化合物、维生素、矿物质等各种营养素，以保证人们机体正常的生长发育、生理功能、生活活动及生产劳动的需要；另一方面，食品在动、植物的生长过程中或在加工、贮藏、运输、销售、烹饪直到食用前的各个环节中，由于生物、化学及物理等方面因素的作用，增加或产生了某种或某些原先没有的物质，或增加了食品中原有的物质，以至超过允许限量，造成食品污染。食品由于污染降低了卫生质量或失去营养价值，可对人体健康产生慢性或潜在性的危害，甚至有"三种作用"，即致癌、致畸、致突变作用。

2. 食品污染的种类

食品污染的性质分为以下三种类型。

（1）生物性食品污染。指食品受到细菌、霉菌等有害微生物及其毒素或寄生虫卵污染，造成食品腐蚀、污染，使人体染上各种传染病和寄生虫病。

（2）化学性食品污染。指食品受到各种有害的无机或有机化合物或人工合成物污

5　何庆，王敏. 绿色食品品牌建设探析 [J]. 中国食物与营养 ,2015,21(2):24-27.

染，其可造成人体急、慢性中毒和潜在的危害。造成化学性食品污染的主要种类是农用化学物质、食品添加剂、食品包装容器和工业废弃物（汞、镉、铅、砷、氰化物、有机磷、有机氯、亚硝酸盐和亚硝胺及其他有机或无机化合物）等。

由农用化学物质造成的化学性食品污染较为普遍且危害严重，如各种有机磷农药通过食品污染可造成急性中毒；六六六和 DDT 农药通过食品污染造成肝、肾、神经系统的慢性和潜在的影响。随着高效、低毒、低残留农药的研制及投入使用高毒、高残留农药的禁止使用，农药在食品中的残留问题正逐步得到改善。目前，兽药和植物激素在食品中的残留成为食品污染的新焦点。

另外，塑料在加工过程中需加入增塑剂、稳定剂、抗氧化剂、抗静电剂、抗紫外线剂等，以其作为食品包装和食品容器接触食品时，会对食品产生不同程度的污染或对人体健康造成危害。

（3）放射性食品污染。当食品吸附的人为放射性物质高于自然界本身存在的放射性物质时，食品就会出现放射性污染。例如，碘 -131 对牛奶产生放射性污染，可引起人的甲状腺损伤或诱发甲状腺癌。

3.食品污染的原因

导致食品污染的因素主要有两大方面：一方面是由于人类自身的生活及生产活动使人类赖以生存的环境（大气、水、土壤等）受到不同程度的污染，而自然界中的动、植物又将这些有害污染物质连同所需物质一同沿食物链逐级向上传递、富集，形成不同程度的污染食品；另一方面是食品在生产、包装、贮运、销售和烹调等过程中人为造成的污染。

（1）环境污染引起食品污染。环境污染及环境退化对地球上的所有生命都构成了不同程度的威胁，其中对人类健康及生存最直接的危害就是环境污染导致的食品污染。我国环境污染相当严重，据环境质量监测结果显示，我国七大水系、湖泊、水库、部分地区地下水和近岸海域已受到不同程度的污染。据统计，有80%的工业废水未经处理就直接排入江河、湖泊，或用于灌溉农田、养殖鱼虾等。含有农药和化肥的灌溉用水、家庭和工厂排出的污水、污物，均会排入江河、湖泊和海洋，使水生生物的生长环境恶劣。首先被污染的是浮游生物，因为浮游生物具有较强的吸附功能，它在进行生命代谢的同时，将水中部分有毒、有害物质吸收到自己体内，然后又将有毒有害物质传递给以浮游生物为食的各类水生生物，通过食物链的聚集、浓缩，最后到达食物链顶端——人体，从而引起人类的慢性或急性中毒，甚至危害子孙后代。例如，20 世纪 50 年代发生在日本的水俣病就导致了世界上第一例因环境污染而诱发的先天畸形病。

现代农业生产大量施用了化肥、农药以及各种生长调节剂，有些可能会引起食品污染。植物大量吸收氮肥后会以硝酸盐的形式贮存在体内，造成硝酸盐和亚硝酸盐的污染。尤其是蔬菜被大量硝酸盐污染后，会对人体健康构成直接威胁。大量施用的农药在杀死害虫的同时，也会在农作物上残留，长期食入残留农药的食品，会在体内蓄积引发中毒。此外，由于长期施用农药，会使病原物产生抗药性，甚至农药用量达到对人体都能引发中毒的剂量，却不能将害虫杀死。还有一些农产品内含有·定量的生长激素，肉类食品中含有一定量的抗生素。

近年来我国畜禽养殖业发展到相当规模，但畜禽排放的大量粪尿与养殖场的大量废水，大多未经妥善处理即直接排放，这对周围环境及一些水体造成极其严重的污染。如果用这些污水来灌溉农田，就会造成许多有毒物质进入农作物（粮食、蔬菜、水果等）体内。如果用被污染的农产品喂养家畜、家禽等，也同样会造成有毒物质在动物体内积存。当人们食用这些植物食品和动物食品时，那些有害、有毒物质就会被人体吸收，从而影响人体健康。

另外，饮用水情况也相当严峻。我国广大农村仍有一部分人口直接饮用江、河、湖泊中的水，倘若这些水体被污染，那么人体就会直接受到危害。如果城镇居民饮用水供水系统发生了污染，会对居民健康产生长期影响。

（2）人为污染引起食品污染。在禽、畜喂养过程中，有些养殖户为降低成本，用变质的农副产品做饲料，在饲料中加入抗生素类物质和自制的添加剂。有的还用"肠粉"和"血粉"代替鱼粉作为蛋白饲料。为了家禽、家畜长得快、出肉率高，而大量使用添加剂、抗生素和激素等，这些抗生素一部分残留在动物体内，这就是食物的抗生素污染。当人食用这种动物的肉、奶、蛋时，也间接地食入了这些抗生素。长期食用易使人产生抗药性，破坏人体内正常的微生态平衡，造成"肠道菌群失调症"，有时还可能造成严重的抗生素过敏反应。

由于空气质量下降，环境中的有毒物质和致癌物质越来越多，合乎标准的安全食品和饮用水越来越少，由环境污染导致的疾病发生率呈上升趋势，甚至出现了一些罕见的和奇特的疾病。

全世界因人为因素导致进入人类环境的汞每年超过1万吨。汞（水银）常温下为银白色有毒液体，用以制作水银灯、温度计、气压计，误服含汞化合物或长期吸入汞蒸气会引起中毒。每年从汽油中放出的四基铅有80万吨。铅及其化合物均有毒，中毒途径主要是由呼吸道吸入铅、铅蒸气，或口服铅化物。每年因人为因素导致进入环境的镉有20万吨。镉为银白色，用于原子工业，也用于电镀等。这些进入人类环境的化学元素会造成水源、大气、土壤和食品等的污染。经济发达国家曾在20世纪50-60年代发生了严重的公害问题，在震惊世界的8大公害事件中，至少有3件是由食品污染造成的。在日本政府曾经公布的4种公害病中，除哮喘病外，水俣病（甲基汞慢性中毒）、骨痛病（镉慢性中毒）和慢性砷中毒三种都是由食品污染造成的。

4.食品污染的危害

食品污染的危害主要表现为对人体健康的危害，如果一次大量摄入受污染的食品，可引起食物中毒，如细菌性食物中毒、农药食物中毒和霉菌毒素中毒等。长期（一般指半年到一年以上）摄入含污染物的食品，即使污染物含量较低也会导致慢性中毒。例如，摄入残留有机汞农药的粮食数月后，会出现周身乏力、尿汞含量增高等症状；长期摄入微量黄曲霉毒素污染的粮食，能引起肝细胞变性、坏死、脂肪浸润和胆管上皮细胞增生，甚至发生癌变。某些食品污染物还具有致突变作用。

（二）绿色食品产生的背景

1. 绿色食品产生的国际背景

（1）可持续发展思想的提出

①地球环境问题的产生。随着地球上人口的快速增长，需求急剧增加，人类开始凭借日益进步的科学技术，采取非常手段和措施，发展经济，增加物质财富。在 20 世纪，特别是第二次世界大战以后，世界上发生了三种变化：一是发达国家率先采用现代科技和现代工业武装农业，显著提高了社会生产力，促进了农业的发展，创造了前所未有的物质财富，大大推进了人类文明的进程；二是随着人口急剧增长、食物供需矛盾增大，更加刺激了人类向自然界不合理的开发；三是人类不合理的社会经济活动加剧了人与自然的矛盾，对社会经济的持续发展和人类自身的生存构成了新的障碍。也就是说，人类在征服自然方面取得巨大成功的同时，也带来了人类难以解决的一系列生态环境问题。其中在资源和环境方面的主要问题有臭氧层破坏、温室效应、酸雨危害、海洋污染、热带雨林减少、野生动植物减少（有的已经或濒临灭绝）、土地沙漠化、毒物及有害废弃物扩散等。而这些影响和危害多数是不可逆和无法挽回的。例如，环境和资源的破坏，直接影响生物的多样性，而生物多样性是人类社会赖以生存和发展的基础。根据科学测算，20 世纪末至少有 10 万种生物已在地球上消失。生物的多样性减少将导致遗传资源减少、潜在食物资源和病虫害控制因子减少、生态系统稳定性降低、对自然灾害缓冲能力降低。

②发展中国家对世界环境带来的影响，或者称为国家发展阶段给环境带来的影响。一般是随着发展中国家人口基数的不断增加以及综合生存条件的基本好转，出现人口急剧增长，粮食需求量不断增加，同时大大刺激农业生产。也正是由于人类过量的开垦，盲目扩大农业用地，导致森林和草原破坏，野生生物不断减少。而开垦出的农田又未能得到很好的管理，以及过度放牧及粗放耕作造成地力下降、水土流失、大量耕地荒废、土地荒漠化；同时，不合理的灌溉造成土壤中盐分积累，导致土壤劣化等。

③发达国家对世界环境带来的影响。主要来自发达工业，由于大量生产和使用化学物质及石化燃料等，造成环境严重污染。例如，人类活动形成的酸雨使作物生长发育受到不同程度的影响，人类活动释放的物质破坏臭氧层，导致紫外线含量增加；农田中大量喷洒农药、施用化学肥料，导致江河湖泊污染，也导致珍贵的地下水遭受污染等。

环境问题也给工农业生产和人们的日常生活、身体健康带来严重的危害。由于环境污染和资源破坏所产生的危害具有隐蔽性、累积性和扩散性的特点，因此在相当长一段时间没有引起人们的重视。直到 20 世纪五六十年代发生的伦敦烟雾、日本水俣病、痛痛病、粮油中毒、北爱尔兰海鸟死亡等一系列环境污染公害事件，才使人们在惊恐中痛思原因。可持续发展的基本理论包括环境承载力论、环境价值论、协同发展论三大内容。可持续发展已成为当今国际社会论坛的主题，是人类长期面临人口、资源、环境等问题的严重困扰，仅仅靠先进的科学技术和发达的工业难以解决，反思人类文明发展史和人类生存方式的演变过程后所形成的共识。可持续发展思想现已成为绿色食品的理论基础。

（2）对现代农业的反思。农业是人类生存最基本的活动，也是国民经济最基础的产业，它的最大特点是将自然再生产和经济再生产紧密地结合起来，一方面提供食物，维系人类的生存，另一方面又承担保护资源和环境的职能。世界各国都十分重视农业。在所有的行业中，农业是最古老的行业，具有一万年以上的悠久历史。从农业发展的历程来看，人类经历了三个阶段，即原始农业、传统农业和现代农业。

现代农业是指 20 世纪以来，特别是二次世界大战以来在各发达国家所出现的经济高度发达的农业，即用先进的工业技术装备、受实验科学指导、以商品生产为主的农业。它有三个基本特征：一是使用现代化的工业提供的机械能源生产工具和产品，实现了全面机械化，提高了劳动生产率；二是各种现代科学技术在农业中广泛应用，提高了土地生产率和饲养产出率；三是生产经营达到高度社会化、集约化、专业化、产业化和商品化的组织管理，农业生产结构发生了根本变化，提高了生产效率和经济效益。

现代农业为经济和社会的发展做出了四大贡献：提供丰足的食物、为工业化积累资本、为工业品提供消费市场、为工业化和技术引进提供外汇资本。我们所说的现代农业，是人类现代农业的初级阶段，其不成熟性和盲目性，给人类带来了相当多的问题，逐渐暴露出许多缺点和弊端。其表现为：

①消耗大量资源。现代农业是一种高投入、高产出农业，其产品大幅度的增长是以物质和能量的高投入为代价的，所以有人称现代农业为"石油农业"。它依靠大量地消耗石油、森林、淡水、土地、动植物物种等人类赖以生存和发展的重要资源来维持生产的运转和当前的消费水平。由于现代农业过度依赖于石油、化肥、农药等的投入，势必要大量消耗自然资源，加速资源枯竭的进程。

②加速环境恶化。过分依赖机械、化肥、农药等的投入，加上不合理地耕作，造成土壤板结、盐渍化，恶化了土壤理化性状，降低了土地生产能力。由于环境的破坏，加剧水土流失和土地沙漠化、草原和森林面积逐步减少、水资源枯竭、生物物种资源濒危等一系列的后果。

③导致食物污染。化肥、农药、除草剂等对人及其他动植物均有毒害作用。大量施用的化学氮肥，造成食物中亚硝酸盐积累，对人有强烈的致癌作用。含有铅、砷、

汞的农药和有机氯杀虫剂等化学性质稳定，不易分解，在环境或农产品中残留期长，脂溶性高。农作物是直接受污染者，动物是间接受污染者，动物的富集能力强，受污染程度较严重。而这些受污染的农作物、动物又通过食物链的传递作用，经各种渠道进入人体，最终将有毒物质传给了人类。如果人体摄入量超过允许的限度，则会诱发疾病，威胁人类的生命安全。

（3）可持续农业的确立。由于世界各国对环境、资源、食物、安全、健康问题的日益关注，对现代农业利弊的反思，相继产生了一系列替代农业，如生态农业、有机农业、自然农业、生物农业、再生农业、低投入农业等。这些替代农业名称虽然不同，但有一个共同点，即在生产过程中避免或尽量减少化学合成物质的使用，生产出无污染的安全食品，维护生态平衡，保障人体健康。在技术路线上，它们强调重视传统农业技术的应用，尽可能地依靠有机肥、轮作、种植豆科作物培肥地力，运用生态、生物、农业、物理等技术控制和防治病虫害。一种新型、具有可持续发展思想的农业正在形成。

一般认为，可持续农业是一种兼顾产量、质量、效益和环境等因素的农业生产模式，是在不破坏环境和资源，不损害后代利益的前提下，实现当代人对农产品供需平衡的农业发展模式。其代表着一种全新的农业发展观，是实施可持续发展的重要组成部分。

2. 绿色食品产生的国内背景

（1）资源和环境的压力。我国是发展中国家，人多地少，资源短缺，特别是土地和水资源贫乏。世界人均耕地 0.27h㎡，中国只有 0.1h㎡；世界人均水资源 10800m³，中国只有 2700m³；世界人均农林牧面积 2.23h㎡，中国只有 0.44h㎡；世界人均森林 1h㎡，中国只有 0.12h㎡，我们要以占世界 6.8% 的耕地，生产占世界 20% 的粮食，养活占世界 22% 的人口。随着经济的发展和人口的不断增长，所显露出的农业资源和环境问题有两大方面：一方面自然资源与生态的破坏，主要表现为土地超载、耕地退化严重，森林资源减少、森林生态功能进一步减弱，水资源短缺、地下水超量开采，动植物资源减少、濒危物种增加等；另一方面是农业环境污染，主要表现为工业排放的污染物对农业的影响加剧，农业化学品的污染严重，畜禽粪便污染日趋加大，乡镇企业的污染愈来愈重等。我国相对短缺的资源和脆弱的环境，承载的压力越来越大：耕地减少、草场退化、水土流失、土地沙漠化、生态破坏、环境污染等，我们必须发展可持续农业，保护有限的环境和资源。

（2）农业发展战略转变。20 世纪 80 年代末随着改革开放和经济发展，我国农业发展战略出现大的转变，提出高产、优质、高效农业，即由单一数量型发展向数量、质量、效益并重发展方向转变；实行"五个结合"：种养加结合、产供销结合、农工商结合、农科教结合、内外贸结合；采取两方面措施：一是以市场为导向，以资源为基础，以效益为中心，以科技为动力，加快农业生产结构的调整，二是选准拳头产品，围绕支柱产业，建设龙头企业，开展农工商一体化经营，建立规模化农副产品商品生产基地，组织专业化农产品市场。这些奠定了绿色食品产生的基础。

20 世纪 90 年代后期以来，随着农产品供求关系发生根本性变化，中国农业发展不仅受到资源短缺的约束，而且越来越受到市场的影响，农产品售卖难、价格下跌问题日益突出，农民收入连续数年下降或停滞不前。中国农业发展正处于一个艰难的转型时期。正是在这样的背景下，中国成为世贸组织成员。加入世贸组织给中国农业带来了严峻的挑战，也孕育着新的发展机会。中国应积极参与农业国际化进程，加快战略转换、体制改革和政策调整步伐，全面提升竞争力，实现从自给自足型农业向市场竞争型农业转变，从增产型农业向质量效益型农业转变，从依靠传统技术向传统技术与现代技术相结合的方向转变，从劳动密集型向劳动密集与资本和知识密集型相结合转变，从依靠资源消耗型的增长方式向重视生态保护、可持续发展的增长方式转变。这就形成了绿色食品产生和发展的压力和动力。

（3）对食物质量的要求。改革开放以来，经过 40 多年的发展，我国城乡人民收入水平和生活水平有了显著提高，农产品（食品）出现了结构性过剩，人们对食物质量的要求越来越高，主要表现在：一是对品质要求越来越高，包括品种要优良、营养要丰富、风味和口感要好；二是对加工质量要求越来越高，拒绝滥用食品添加剂、防腐剂、人工合成色素的食品；三是对卫生和安全性要求越来越高，关注食品是否有农药残留、重金属污染、细菌超标等；四是对包装要求越来越高，不仅要考虑包装的外观，而且要注意包装材料是否对食品产生污染；五是对品牌要求越来越高，购买食品时看品牌，找名牌，希望买得放心、吃得舒心。绿色食品、有机食品就是适应这种需要，以环保、安全、健康为目标，代表着未来食品的发展方向。

综上所述，我国经济发展面临的资源与环境压力、农业发展战略的转变和城乡人民生活的转型，是绿色食品产生和发展的国内背景。

四、发展绿色食品的意义

开发绿色食品是人们对食品安全的基本要求，也是我国农业可持续发展，保证食品安全和人民健康的重要举措，更是扩大农产品出口创汇的发展方向。当前和今后一个时期，加快发展绿色食品事业已成为我国发展农业生产、建设社会主义新农村、开展农产品质量安全工作的切入点和突破口。

（一）发展绿色食品是社会进步、经济发展的需要

一方面，我国经济正值高速发展期，人们的生活水平在不断提高，对绿色食品的需求不断增长，尤其是在一些发达的城市和地区表现明显；另一方面，绿色食品的开发符合国情，有利于融入国际经济大循环的格局之中，是实现以人为本的科学发展观的具体体现，是实现农业可持续发展的必由之路。

（二）发展绿色食品是应对 WTO 挑战、促进外向型农业发展的客观要求

当今世界贸易保护逐渐由关税壁垒转向了"绿色贸易壁垒"，这对加入 WTO 之后的我国农业和农产品走向国际市场来说，无疑是一个严峻的挑战。所谓绿色贸易壁垒，就是指进口国以保护生态环境、自然资源、人类和动植物的健康安全为由限制进口的措施，主要包括绿色技术标准、绿色环保标志、绿色认证制度、绿色卫生检疫制度、绿色检验程序、绿色包装、规格、标签、标准及绿色补贴制度等。复杂苛刻的环境与技术标准对许多国家，特别是包括我国在内的发展中国家的农产品出口贸易构成了威胁。因此，要使我国农业成功地应对 WTO 的挑战，冲破绿色贸易壁垒而走向国际市场，就必须重视发展绿色食品。绿色食品在国际市场的竞争优势主要体现在五个方面：一是质量标准优势，绿色食品质量标准整体上达到了发达国家食品卫生安全标准，出口产品能够经受进口国严格的检测检验。二是质量保障制度优势，绿色食品实行"两端监测、过程控制、质量认证、标志管理"的质量安全制度，增强了产品质量安全水平的可信度。三是企业和产品优势，绿色食品龙头强势企业多，精深加工产品多，市场开拓能力强；四是环保优势，绿色食品实行对产地环境的监测和保护，易于打破资源和环境保护领域的"绿色贸易壁垒"，易于推动出口贸易的发展。在国际市场竞争中，绿色食品出口产品的品牌和价格优势将逐步发挥出来。五是品牌和价格优势。

（三）发展绿色食品是适应农业结构调整和加快农村经济发展的必然选择

我国在传统的农业模式下生产的农产品，以追求数量增长为主要目标，其种类和质量远不能适应市场消费需求的变化，致使农产品产生严重的结构性失调：高质量、高档次的农产品供不应求，而大量质量低劣的农产品则存在"卖难"问题。为了适应农业生产由重数量向重质量的结构转变，满足国内外市场对高质量、健康型农产品的需求，发展绿色食品便成了我国实现农业结构调整的主要内容和必然选择。

（四）发展绿色食品是对国内外市场的主动适应

在国际上，绿色食品（及同类产品）总体处于供不应求的趋势中。据资料表明，84% 的美国消费者希望购买无污染的蔬菜和水果；在欧洲有 40% 的消费者喜欢购买绿色食品。英国人在经历疯牛病的噩梦后，热衷于绿色食品。据统计，英国人对绿色食品的需求量增加了 40%，而本国现有农场只能提供占食品总量的 0.5% 的绿色食品，只能靠进口满足国内需求。发达国家对绿色食品进口量的日益增加，刺激了其他国家绿色食品产业的发展。在国内，随着国民经济的发展和人民生活水平的不断提高，城乡居民对健康型农产品的需求也日益增多，越来越多的中国人对绿色食品的需求正在由潜在需求变成现实需求。据调查，北京和上海两个城市 79% ~ 84% 的消费者希望购买绿色食品。我国加入 WTO 后，应积极迎接挑战，抓住机遇，去主动适应国际市场的需求，大力发展绿色食品，以推动我国农业快速发展和深化改革。

（五）加快绿色食品产业的开发，有利于农业生态环境条件的改善和保护

生态环境是人类生存、生产与生活的基本条件。生态环境问题既是目前影响各国经济和社会发展的一个重要问题，同时也是今后国家综合竞争力的一个重要组成部分，随着世界人口的增长和工农业生产的迅速发展，人类活动对自然环境的影响越来越大，已造成自然环境和社会环境的恶化；生态危机严重制约了社会经济的发展，影响了人类的生活和生存。因而维持生态平衡，改善环境质量，成为全世界人民极为关心的重大问题。全面建设小康社会，要求人们必须充分运用现代高新科技，转变经济增长方式，改善优化生态环境，合理利用自然资源，创建经济发达、优美舒适的美好家园，实现人类与自然界和谐相处、共同发展。

五、绿色食品标准

（一）绿色食品标准的概念

绿色食品标准是指在绿色食品生产中必须遵守、绿色食品质量认证及标志使用管理时必须依据的技术性文件。绿色食品标准是由农业部发布的推荐性国家农业行业标准，对经认证的绿色食品生产企业来说，是强制性标准，必须严格执行。

（二）绿色食品标准的作用

绿色食品标准在绿色食品生产、加工、销售过程中，有着不可替代的作用。特别是我国加入 WTO 以后，绿色食品标准为我国开展可持续农产品及有机农产品平等贸易提供了技术保障依据，为我国农业，特别是生态农业、可持续农业，在对外开放过程中提高自我保护与自我发展能力创造了条件。绿色食品标准作为绿色食品生产经验的总结和科技发展的结果，对绿色食品产业发展所起的作用主要表现在以下几个方面。

（1）绿色食品标准是进行绿色食品质量认证和质量体系认证的依据。质量体系认证是指由可以充分信任的第三方，证实某一经鉴定的产品生产者，其生产技术和管理水平符合特定标准的活动。由于绿色食品认证实行产前、产中、产后全过程质量控制，同时包含了质量认证和质量体系认证因此，无论是绿色食品质量认证，还是质量体系认证，都必须有适宜的标准依据，否则就不具备开展认证活动的基本条件。

（2）绿色食品标准是开展绿色食品生产活动的技术、行为规范。绿色食品标准不仅是对绿色食品产地环境质量、产品质量、生产资料等的指标规定，更重要的是对绿色食品生产者、管理者的行为规定，是评定、监督与纠正绿色食品生产者、管理者技术行为的尺度，具有规范绿色食品生产活动的功能。

（3）绿色食品标准是推广先进生产技术、提高绿色食品生产加工水平的指导性文件。绿色食品标准不仅要求产品质量达到绿色食品产品标准，而且为产品达标提供了先进的生产方式和生产技术指标。

（4）绿色食品标准是维护绿色食品生产者和消费者利益的技术和法律依据。绿色食品标准作为质量认证依据，对接受认证的生产企业来说，属强制执行标准，企业生产的绿色食品产品和采用的生产技术都必须符合绿色食品标准要求。当消费者对某企业生产的绿色食品提出异议或依法起诉时，绿色食品标准就成为裁决的合法技术依据。同时，国家工商行政管理部门也将依据绿色食品标准打击假冒绿色食品产品的行为，保护绿色食品生产者和消费者的利益。

（5）绿色食品标准是提高我国食品质量，增强我国食品在国际市场的竞争力，促进产品出口创汇的技术目标依据。绿色食品标准是以我国国家标准为基础，参照国际标准和国外先进标准制定的，既符合我国国情，又具有国际先进水平。对我国大多数食品生产企业来说，要达到绿色食品标准有一定难度，但只要进行技术改造，改善经营管理水平，提高企业素质，许多企业是完全能够达到的，其生产的食品质量也是能够符合国际市场要求的。而目前国际市场对绿色食品的需求远远大于生产，这就为达到绿色食品标准的产品提供了广阔的市场。

（三）绿色食品标准的制定

1.绿色食品标准的制定原则

为最大限度地促进生物良性循环，合理配置和利用自然资源，减少经济行为对生态环境的不良影响，提高食品质量，维护和改善人类生存和发展环境，在制定绿色食品标准时要坚持以下原则。

（1）生产优质、营养，对人畜安全的食品及饲料，并保证获得一定产量和经济效益，兼顾生产者和消费者双方的利益。

（2）保证生产地域内环境质量不断提高，其中包括保持土壤的长期肥力和洁净，有助于水土保持；保证水资源和相关生物不遭受损害，有利于生物自然循环和生物多样性的保持。

（3）有利于节省资源，其中包括要求使用可更新资源，可以自然降解或回收利用材料；减少长途运输，避免过度包装等。

（4）有利于先进技术的应用，以保证及时利用最新科技成果为绿色食品发展服务。

（5）有关标准的技术要求能够被验证。有关标准要求采用的检验方法和评价方法，不能是非标准方法，必须是国际标准、国家标准或技术上能保证再现性的试验方法。

（6）绿色食品标准的综合技术指标，不低于国际标准和国外先进标准的水平。同时，生产技术标准有很强的可操作性，能被生产者所接受。

（7）严格控制使用基因工程技术。

2.绿色食品标准的制定依据

绿色食品标准是在借鉴国内外相关标准基础上，结合绿色食品生产实践而制定的。绿色食品标准主要依据如下几个标准制定：①欧共体有机农业及其有关农产品和食品条例（第2092/91）。②国际有机农业运动联盟有机农业和食品加工基本标准。③联合国食品法典委员会（CAC）有机生产标准。④我国国家环境标准。⑤我国国家食品质量标准。⑥我国绿色食品生产技术研究成果。

（四）绿色食品标准的等级

绿色食品标准分为A级绿色食品标准和AA级绿色食品标准。

1.A级绿色食品标准

A级绿色食品标准要求，产地的环境质量符合《绿色食品产地环境质量标准》，生产过程中严格按照绿色食品生产资料使用准则和生产操作规程要求，限量使用限定的化学合成生产资料，并积极采用生物学技术和物理方法，保证产品质量符合绿色食品产品标准要求。

2.AA级绿色食品标准

AA级绿色食品标准要求，产地的环境质量符合《绿色食品产地环境质量标准》，生产过程中不使用化学合成的农药、肥料、食品添加剂、饲料添加剂、兽药及有害于环境和人体健康的生产资料，而是通过使用有机肥、种植绿肥、作物轮作、生物或物理方法等技术，培肥土壤。控制病虫草害。保护或提高产品品质，从而保证产品质量符合绿色食品产品标准要求。

第二节　绿色食品产地的选择与建设

一、绿色食品产地的选择

（一）绿色食品对产地环境质量要求

1.绿色食品产地及要求

绿色食品产地是指绿色食品初级农产品或加工产品原料的生长地。产地的生态环境质量是影响绿色食品产品质量的基础因素之一。如果动、植物生活和生长的环境受到污染，就会直接对动、植物的生长造成影响，并通过水质、土壤和大气等媒体转移或残留于动、植物体内，进而造成食品污染，最终危害人类。因此，合理地选择绿色食品产地，并通过环境监测和环境质量现状评价，科学地对环境质量的好坏做出判断，是绿色食品生产的前提和基础。

　　绿色食品的生产地应当选择空气清新、水质纯净、土壤未受污染、具有良好生态环境的区域。为了避免或减轻人类生产和生活活动产生的污染带来的影响，绿色食品生产地以污染较少的较偏远地区、农村等为宜，尽量避开繁华都市、工业区和交通要道。具体的要求有以下方面。

　　（1）对大气的要求。绿色食品产地周围不得有大气污染源，特别是上风口没有污染源。不得有有害气体排放，生产、生活用的燃煤锅炉必须有除尘、除硫装置。大气质量要求稳定，符合绿色食品大气环境质量标准。

　　（2）对水环境的要求。绿色食品生产用水、灌溉用水质量要有保证；产地应选择在地表水、地下水清洁无污染的地区；水域、水源上游没有对该地区构成污染威胁的污染源；生产用水符合绿色食品水质（农田灌溉水、加工用水）环境质量标准。

　　（3）对土壤的要求。绿色食品要求产地土壤元素位于背景值正常区域，周围没有金属或非金属矿山，没有农药残留污染，要具有较高的土壤肥力。土壤质量要符合绿色食品土壤质量标准。

　　2. 绿色食品产地环境质量标准体系

　　为了保证绿色食品生产地的环境质量，保证绿色食品产品质量，保护生产地的生态环境，相关部门制定了一系列相关标准，统称为绿色食品产地环境质量标准体系。

　　绿色食品产地环境质量标准体系包括土壤环境质量标准体系、灌溉水（养殖水、加工用水）水质标准体系、大气质量标准体系。

　　环境质量是影响绿色食品产品质量基础的因素之一。只有取得代表环境质量的各种数据，才能判断环境质量，也就是取得各种污染因素在一定范围内的时空分布。一般将各污染因素称为评价因子，每个质量标准体系中指定若干评价因子，一般依据绿色食品环境质量评价要求，选择毒性大、作物易积累等的物质指定为评价因子。

（二）绿色食品产地环境调查与选择的主要内容

　　1. 产地环境质量现状评价与调查

　　（1）产地环境质量现状评价原则。产地环境质量现状评价是绿色食品开发的一项基础工作。根据污染因子的毒理学特征及农作物吸收、富集能力，将环境要素（土壤、水质、空气）的污染指标分为两大类，即严控环境指标和一般控制指标。在评价中严控指标不能超标，如有一项超标，即视为该产地环境质量不符合要求，不宜发展绿色食品。一般环境指标如有一项或一项以上超标，则该基地不宜发展 AA 级绿色食品，但可从实际出发，根据超标物的性质、程度等具体情况及综合污染指数全面衡量，确定是否符合发展 A 级绿色食品的要求，但综合污染指数不得超过 1。建立绿色食品基地环境质量评价指标体系应遵循原则。

　　①完备性。指标体系必须能够全面反映绿色食品基地的自然环境质量状况、污染

状况及生态破坏状况。评价应在该区域性环境初步优化的基础上进行，同时不应该忽视农业生产过程中的自身污染。

②准确性。指标体系要能反映绿色食品基地生态环境的内涵和本质特性，每项指标都必须是可度量的，且其值的大小有明确的价值含义，指标之间应尽量避免包含关系。绿色食品产地的各项环境质量标准（空气、水质、土壤）是评价产地环境质量合格与否的依据，要从严掌握。

③可操作性。设立的指标体系应具有一定的普遍性，便于在实际工作中应用。每项指标应有与之相对应的评价标准。在全面反映产地环境质量现状的前提下，突出对产品生产危害较大的环境因素（严控指标）和高浓度污染物对环境质量的影响。

（2）产地环境质量现状评价方法

①AA级绿色食品产地环境质量评价方法。AA级绿色食品产地大气、水质、土壤的各项检测数据均不得超过绿色食品生态环境质量有关标准。评价方法采用单项污染指数法。污染指数：

$$P_i=C_i/S_i$$

式中 P_i——环境要素中污染物 i 的污染指数；

C_i——环境要素中污染物 i 的实测数据；

S_i——污染物 i 的评价标准；

$P_i \leq 1$，未污染，适宜发展 AA 级绿色食品；

$P_i > 1$，污染，不适宜发展 AA 级绿色食品。

②A级绿色食品产地环境质量评价方法。A级绿色食品产地大气、水质、土壤的综合污染指数均不得超过 1。产地环境质量评价采用单项污染指数法和综合污染指数法相结合的方法。

在评价中，考虑到有时个别污染物超标会造成危害，但此时平均状况却不超标这一情况，水质、土壤采用分指数平均值和最大值相结合的内梅罗指数法。

根据大气质量特点，大气质量评价采用既考虑大气平均值，也适当兼顾最高值的上海大气质量指数法。

（3）产地环境质量现状调查程序

①省（市）绿色食品委托管理机构对绿色食品产地进行初步考察，决定该地区是否适宜发展绿色食品。

②根据省级绿色食品委托管理机构下达的任务书，由监测单位执行对申报绿色食品及其加工产品原料生产基地的农业自然环境概况、社会经济概况和环境质量状况进行综合现状调查，并决定布点采样方案。

③综合现状调查采取搜集资料和现场调查两种方法。首先通过搜集法获取有关资料，当这些资料不能满足要求时，再进行现场调查。如果监测对象能提供一年内有效

的环境监测评价报告,经省(市)绿色食品委托管理机构确认,可以免去现场环境监测。

④调查结束后出具调查分析报告,注明调查单位、调查时间、调查人员(须签名)。

2.产地选择的主要内容

(1)产地环境质量初步分析。通过对自然环境与资源概况、社会经济概况、工业"三废"及农业污染物对产地环境的影响等几个方面进行实地调查,根据调查、了解、掌握的资料情况,对申报产品及其原料生产基地的环境质量状况进行初步分析,出具调查分析报告,注明调查单位、调查时间、调查人(须签名)。

①产地基本情况:包括自然地理、气候与气象、水文状况、土地资源、植物及生物资源、自然灾害等情况。

②产地灌溉用水环境质量分析:对地表水、地下水、处理后的城市污水、与城市污水水质相近的工业废水做水源的农田灌溉用水进行质量分析。

③区域环境空气质量分析:包括区域环境空气质量功能区划分、标准分级、污染物项目、取值时间及浓度限值,采样与分析方法及数据统计的有效性规定。

④产地土壤环境质量分析:按土壤应用功能、保护目标和土壤主要性质,规定了土壤中污染物的最高允许浓度指标值及相应的监测方法。

⑤综合分析产地环境质量现状,确定优化布点监测方案。

(2)调查选择的主要内容。依据农业部制定的《绿色食品产地环境调查与评价导则》的有关规定,绿色食品产地环境调查主要包括自然环境与资源概况、社会经济概况、工业"三废"及农业污染物对产地环境的影响等几个方面,然后对产地环境质量现状进行初步分析。调查具体内容如表7-1所示。

表7-1 绿色食品产地环境调查内容

	调查具体内容
自然环境与资源概况	自然地理:地理位置、地形地貌、地质等; 气候与气象:所在区域的主要气候特性,年平均风速和主导风向、年平均气温、极端气温与月平均气温,年平均相对湿度,年平均降水量,降水天数,降水量极值,日照时数,主要天气特性等; 水文状况:该区域主要河流、水系、流域面积、水文特征、地下水资源总量及开发利用情况等; 土地资源:土壤类型、土壤肥力、土壤背景值、土地利用情况(耕地面积等); 植被及生物资源:林木植被覆盖率、植物资源、动物资源、鱼类资源等; 自然灾害:旱、涝、风灾、冰雹、低温、病虫草鼠害等。
社会经济概况	行政区划、人口状况; 工业布局和农田水利; 农、林、牧、渔业发展情况和工农业产值; 农村能源结构情况。

	调查具体内容
工业"三废"及农业污染物对产地环境的影响	工业污染源及"三废"排放情况：主要包括工矿乡镇村办企业污染源分布及废水、废气、废渣排放情况； 地表水、地下水、农田土壤、大气质量现状； 农业污染物：主要包括农药、化肥、地膜、植物生长调节剂等农用生产资料的使用情况及对农业环境的影响和危害； 农业生态环境保护措施：主要包括污水处理、生态农业试点情况、农业自然资源合理利用及农业生产无公害控制情况。

3. 绿色食品环境监测的要求

（1）不同企业确定监测项目。绿色食品办公室工作人员应亲自去企业考察，以便根据不同企业的不同特点，因地制宜增减有关监测指标，使环境监测更具有针对性，更能反映实际情况。

（2）不同时期决定是否监测。企业使用绿色食品标志的有效期是三年，到期后需重新办理。如果企业的生产基地没有新的污染源，不需要重新进行环境监测；如果企业生产环境有变化，则须有针对性进行环境监测。建议环境监测单位在绿色食品标志使用期间对企业进行有关环境监控。

（3）提出整改措施。通过绿色食品环境质量现状评价，提出改进和保护生产基地环境质量的措施。比如，对于贫瘠的菜园，需要提出培肥土壤的措施；对于果园，需提出种植白三叶草等绿色食品生产技术，培肥土壤，抑制杂草生长，防止水土流失等；对于加工企业，提出污染治理措施。这些措施需要环境保护单位提出，同时还需要提出环境监控、改善环境监测的方法及环境评价方法。

二、绿色食品产地环境的生态建设

（一）生态农业及其特点

1. 生态农业的概念

生态农业是从系统理论出发，按照生态学、经济学和生态经济学原理，运用现代科学技术成果、现代管理手段及传统农业的有效经验建立起来，以期获得较高的经济效益、生态效益和社会效益的现代化的农业发展模式[6]。简单地说，是遵循生态经济学规律进行经营和管理的集约化农业体系。生态农业要求宏观协调生态经济系统结构，协调生态—经济—技术的关系，促进生态经济系统的稳定、有序、协调发展，建立宏观的生态经济动态平衡，在微观上做到多层次物质循环和综合利用，提高能量转换与物质循环效率，建立微观的生态经济平衡。一方面，要以较少的投入为社会提供数量

6　唐伟 . 绿色食品区域发展政策措施探讨 [J]. 中国食物与营养 ,2013,19(4):27-29.

大、品种多、质量好的农副产品；另一方面，又能保护资源，不断增加可再生资源量，提高环境质量，为人类提供良好的生活环境，为农业的持续发展创造条件。生态农业必须维护和提高其整个系统的生态平衡。这种生态平衡是扩大意义上的生态平衡，它既包含个体生态平衡或微观生态平衡，又包含总体生态平衡或宏观生态平衡。

2. 生态农业的特点

我国生态农业理论建立在传统农业和现代农业实践经验的基础上，是运用生态学理论和社会主义经济学理论，通过多学科综合，用系统的观点建立起来的一整套理论。生态农业理论较之单一学科提出的农业发展理论更具有独特之处。

（1）生态农业理论强调农业生产必须因地制宜。无论是自然资源、自然条件和社会经济条件都存在地域和地区差别，对条件不同的地区不能强求生态农业建设内容的统一。只有对一个地区的各种条件进行全面调查和分析后，才能最佳地进行该地区生态农业发展决策，切实做到因地制宜。

（2）生态农业理论强调农业是一个开放系统，并且是非常平衡的系统。必须打破传统的农业观念，从封闭式的自给自足的小农经济中解放出来，由温饱型农业逐步发展到商品农业。

（3）生态农业理论强调要对农业实行集约经营。长期以来，大多数地区农业是粗放经营道路，实行广种薄收。到目前为止，还有部分地区仍采用刀耕火种、轮垦耕作、陡坡开荒，违反生态的生产方式，造成水土流失、土壤盐碱化、草原沙化、土壤沙化，农业资源衰竭，自然灾害连年发生，农业生态环境严重恶化。

（4）生态农业理论强调农业的商品化生产。我国农业相当一部分是自给自足的小农经济，农业系统处于半封闭状态，从事自给性生产，农产品商品率很低，农业系统处于低水平生产状态，农业结构的功能效率很低。生态农业理论要求从事农业生产必须充分考虑农业系统内外环境的生态条件和经济条件，通过农业系统结构的设计和调控，增加物质和能量投入，实行集约经营，改善农业生态环境，形成一个有利于农业生产稳定的生态基础和资源基础，使农业系统和外部环境取得统一。

（5）生态农业理论强调农业经营的综合性特征。这里所说的综合性具有四层含义：一是农业是一个多因子、多层次的综合性事物，其结构和功能都十分复杂，因此必须把生态农业建设当作一个整体来看，综合分析各种因素，全面考虑，采取一系列有关措施；二是生产、建设必须采取综合措施；三是在生产发展和生态状况的改善问题上，也要综合考虑，生产的发展决不能建立在对自然资源的过度利用和破坏生态平衡的基础上，不能单纯为了追求经济效益而忽视生态效益；四是生态农业的建设，决不能只从农业一个部门来考虑，而必须联系加工工业、交通运输、市场流通等农、工、商几个方面。

（二）生态农业建设的模式

生态农业建设模式的类型很多，主要有以下三个类型。

1. 时空结构型

这是一种根据生物种群的生物学、生态学特征和生物之间的互利共生关系合理组建的农业生态系统，使处于不同生态位置的生物种群在系统中各得其所，相得益彰，更加充分地利用太阳能、水分和矿物质营养元素，是在时间上多序列、空间上多层次的三维结构，其经济效益和生态效益均佳。具体有果林地立体间套模式、农田立体间套模式、水域立体养殖模式、农户庭院立体种养模式等。

2. 食物链型

这是一种按照农业生态系统的能量流动和物质循环规律而设计的一种良性循环的农业生态系统。系统中一个生产环节的产出是另一个生产环节的投入，使得系统中的废弃物多次循环利用，从而提高能量的转换率和资源利用率，获得较大的经济效益，并有效地防止农业废弃物对生态环境的污染。具体有种植业内部物质循环利用模式、养殖业内部物质循环利用模式、种养加三结合的物质循环利用模式等。

3. 时空—食物链综合型

这是时空结构型和食物链型的有机结合，使系统中的物质得以高效生产和多次利用，是一种适度投入、高产出、少废物、无污染、高效益的模式类型。

农业部科技公司向全国征集到370种生态农业模式或技术体系，通过专家反复研讨，遴选出经过一定实践运行检验、具有代表性的十大类型生态农业模式，并正式将此十大模式作为今后一段时间农业部的重点任务加以推广。这十大典型模式和配套技术是：北方"四位一体"生态模式及配套技术；南方"猪—沼—果"生态模式及配套技术；平原农林牧复合生态模式及配套技术；草地生态恢复与持续利用生态模式及配套技术；生态种植模式及配套技术；生态畜牧业生产模式及配套技术；生态渔业模式及配套技术；丘陵山区小流域综合治理模式及配套技术；设施生态农业模式及配套技术；观光生态农业模式及配套技术。

（三）生态农业建设的技术原理和内容

1. 原理

生态农业中经济与生态的良性循环主要体现在三方面：首先，通过生态环境的治理及农村能源综合建设，使生态环境从恶性循环向良性循环转变，绿色覆盖率、土壤理化性能及有机质含量得以提高，进一步增强生态经济系统的生产能力；其次，以农业废弃物资源化为中心的物质多层次循环利用，提高资源利用率，并保护环境；再次，采取农牧结合或农林复合系统的形式，提高系统自我维持能力及生态稳定性。这三个方面就是生态农业建设的技术原理。

2. 内容

我国生态农业技术的主要内容如下：

（1）在生态—经济—社会复合系统中，实现种植业、养殖业及工商业之间生产、流通与生态良性循环的综合技术。

（2）系统内各生产组分，子系统内各种组分的优化组合技术。

（3）农副产品废弃物资源化技术。

（4）以提高农业生态系统生产力及系统稳定性为目的的生物种群调整、引进与重组技术。

（5）农林能源综合建设技术。

（6）以系统内生物种群、时空有序性及景观生态系统为中心的立体种、养技术，或称农业生态结构工程。

（7）环境生态工程技术。

（8）生态农业系统的调控技术。

（四）产地环境生态建设的意义

生态农业的基本理论和特点顺应了农业持续稳定协调发展战略的要求，全国各地生态农业试点单位，不论规模大小，都取得了明显的经济效益、生态效益及社会效益，因此产地环境生态建设具有深远意义。

（1）促进了绿色食品生产和农村经济的发展，人民生活水平显著提高；

（2）有利于农业持续稳定协调发展；

（3）农村能源、环境得到改善；

（4）抗自然灾害能力显著提高；

（5）生态农业是实现我国农业持续、高效发展的有效途径。

生态农业是解决我国当前存在的人口、粮食、资源、能源不相协调的诸多矛盾的战略措施，是实现农业持续高效发展的一种有效途径。

当前我国农业的主要矛盾是如何实现持续发展问题。随着人口的不断增加和消费者对农、副产品的需求不断提高，要求农业生产必须持续发展。我国拥有的资源、财力条件以及生态环境，严重地制约着农业发展。从目前研究和实践的情况来看，解决这个矛盾比较可行的方案是走生态农业之路。因为生态农业所要解决的中心问题就是农业持续发展，解决这个问题的办法不是单纯地依赖于物质、资金及技术的高投入，而是在合理投入的前提下，首先通过农、林、牧产业的有机结合，食物链的合理配置，物质和能量的多级传递，物质的多层次循环利用，实现生态良性循环与协调发展；其次通过治理与改善生态环境，发挥自然生态系统的自我维持能力，提高系统的稳定性；再次是通过种植业、养殖业及加工业的综合发展，实现产品增值与高效的良性循环。

所以说，实施生态农业既是实现我国农业持续发展战略目标的需要，又是行之有效的途径。

此外，生态农业建设还有三方面的功效：一是减轻了化肥、农药、有机粪便对产品、水体、大气的污染；二是实现了秸秆及有机粪便饲（饵）料化、肥料化，缓解了丘陵山地、草场地力的过度消耗及粪便的不合理使用，使系统向低污染、残余物合理利用与良性循环的方向发展；三是由于进行了粪便饲料化、肥料化、沼气池料化及沼渣综合利用和发展无公害蔬菜等技术措施，使生活环境有较大改善，保障了人体健康。

（五）生态农业建设的技术工艺

1.立体种养业网络技术

生态农业是农业经济系统、技术系统和生态系统交织而成的立体网络系统，其中生态系统是骨架。农业生态系统具有明显的层次结构特征，第一层由农、林、牧、副、渔等产业构成，即生产布局结构；第二层由农、林、牧、副、渔各业自身的内部构成；第三层由同一田块中的多种群构成或只是单个种群的结构。

生态农业建设的目的就是把上述三个层次理顺，使其总体结构合理，整体功能协调有序，实现经济良性循环。

（1）生产布局。农业生产的合理结构，从总体上讲就是要解决农、林、牧、副、渔、工、商、建、运、服共10个方面产业的全面发展问题。在农业布局上，主要表现为农、林、牧、副、渔等的土地利用和农业生物占地面积的比重结构。农业生产结构，一般表现为以上10方面的产值构成、劳动时间、分配构成、农业劳动力分工构成等。布局和结构要结合当地自然条件和社会经济文化条件，进行因地制宜的资源配置。

（2）各产业内部构成。各产业内部结构是生产布局的基础，也存在生产合理结构的问题，如种植业、粮食作物、经济作物、绿肥、饲料作物、瓜菜等之间，应有合理的比例关系。

（3）同一田块内的种群或群落结构。种群结构是指各种生物种群在系统内从空间到时间上的分布规律。要处理好平面结构工程、垂直结构工程和时间结构工程。①平面结构工程。要实现种植业平面结构优化，必须打破单一种植粮食作物的小农观念，要从生产结构上进行全面合理的土地利用。在某些地区还要适当退耕还林还草，或粮草间作，实现"草、畜、肥、粮"的良性循环。将发展林业与种植业结构结合，如在平原地区，针对风、沙、旱、涝、盐碱等限制农业生产力的环境条件，要营造以农田防护林为主体的农田林网，在荒地、坡地要营造水土保护林，要多林种搭配，乔、灌、草结合，实行点、带、片间多种形式结合。②垂直结构工程。种植业的垂直结构，是指农田中各作物种群在立体上的组合分布状况，即立体种植。③时间结构工程。它是指在生态区域内各种群生长发育，与当地季节、昼夜等自然节律，即与当地自然资源协调吻合。时间结构设计主要包括两个方面：一是建立合理的轮作套种制度，在时间、空间上合理配置绿色植物，延长光、热、水资源的利用时间；二是通过技术的措施改变某些限制因子，提高系统的输出。例如，温室育苗、温室栽培瓜菜、覆膜栽培技术是在接茬演替的时间结构设计中常用的配套技术。它们不仅能直接防止地面蒸发造成水分损失，而且能使土壤中的水、肥、气、热诸因素互相协调，较好地解决了作物生长发育与环境条件的某些矛盾，对于早春低温、有效积温少或高寒的干旱半干旱地区，能在一定程度上弥补水、热资源的不足。

2. 生物物质的多层次利用技术

（1）生物物质多层次利用的主要形式。生物物质多层次利用建立在生态学食物链原理的基础上。生态农业建设中通过巧接食物链，将各营养及生物因食物选择所废弃的或排泄的生物物质作为其他生物的食物加以利用和转化，进而提高生物能的转化率及资源的利用率，这是生物多层次利用的主要方式之一。沼气发酵技术不仅能改善农村生态环境，开发出农村新能源，还能使农、林、牧、副、渔有机地结合起来，实现生态农业系统良性循环，成为物质和能量多层次利用的重要实用技术。

（2）畜禽粪便的综合利用方式。有的畜、禽采食后并不能很好地消化和吸收饲料中的营养物质，有相当部分又以粪便形式排出体外（如鸡粪），因此这些粪便就可以作为其他种类畜禽的饲料来利用。例如，新鲜鸡粪可直接拌入猪饲料内喂猪，也可脱水干燥后加工为饲料，或半干贮存发酵后作饲料；发酵牛粪可喂猪；兔粪晒干可作肉用仔鸡饲料。此外，蚕沙等也是很好的饲料。

（3）秸秆资源的多途径综合利用。玉米秸秆和麦秸氨化后喂牛效果好，既节省了部分精饲料，又有利于牛的生长发育。利用秸秆、棉籽壳可栽培食用菌，促进了秸秆的多层次循环利用。例如，农作物秸秆及其他农业废物可养菇，菇还可出口销售，菌糖加入配合饲料喂畜禽，畜禽粪便在沼气池发酵，沼气做农家生活能源，沼水养鱼，沼渣还田，如此循环下去，可使同一产品增值几倍或几十倍。

3. 相互促进物种共生系统在生态农业中的应用

根据生态环境条件，选择多种个体大小和取食习性等方面不相同的畜、禽混养，在与之相配合的多种结构的综合群体中，可使这些生长在混杂群体中的动、植物都能持续地获得最大限度的生物产量。

（1）牛、羊混牧。牛吃高草，羊吃低草，可提高草场利用率和载畜量。

（2）鱼、鸭混养。鸭在水中活动，能促进空气氧对水体的复氧过程，可将表层饱和溶氧水搅入下层，利于改善鱼塘环境；鸭粪也是鱼的好饵料。

（3）鱼、鳖混养。鳖是用肺呼吸的爬行动物，常由水底到水面交换气体，其上下往返运动，使水体不同深处的溶氧得以交流，利于鱼生长和浮游生物及水生植物繁殖。鳖在池底活动，能促进塘底腐殖质分解还原，加速物质的循环及能量多级利用。鱼鳖混养，投饵量的重点对象是鳖，其次是草鱼，鳖和草鱼排泄的粪可培肥水质，繁殖较多的浮游生物供鲶、鲢鱼等食用。鳖又能吃掉行动迟缓的病鱼及死鱼，起到防止病原体传播减少鱼病的作用。

（4）藕、鱼、萍共生。藕池养萍，萍富集水体中的氮、磷等营养物质，防止水体的富营养化，改善水质，同时还给鱼类提供新鲜饵料。鱼吃幼虫，减轻藕的病虫危害。莲叶出水亭立，为鱼遮阴，既直接改善了水温状况，又间接增高了水质溶氧量，均利于鱼类生息。

（5）稻田养鱼。大体近似藕、鱼、萍共生系统。不同点在于要在田头一隅挖一稍深坑池，为稻晒田时及夜里供鱼栖身。

（6）菌、菜共生。把食用菌引入大田和温室，与作物或蔬菜共生，以作物或蔬菜行间的生态条件替代食用菌所需的人工设施，可以显著改善田间或温室小气候，创建菌、菜共生系统和新的生态平衡，大幅度提高系统生产力。菌菜共生增产原理是菌类呼吸放出的二氧化碳促进了蔬菜的光合作用，如香菇、黄瓜共生，使净光合产物增加。这是因为在早春夜间低温和夏季高温时，灌水可使土温激变，进而影响黄瓜根系及地上部的生长，而菇床能稳定土温，大大缓解温差对黄瓜的伤害。同时，菌丝体分泌物能促进黄瓜根系发育，增强其对营养的吸收能力。同时菌菜共生能降低黄瓜发病率20%左右。

4. 生态优化的病虫害综合防治技术

常规农业生产，由于过分依赖化学农药防治病虫草害，给农业生态系统带来一系列严重影响，如对农药产生抗性的害虫、病菌及杂草日益增加；增施农药造成害虫天敌的大量死亡；土壤、大气、水体被污染，进而导致有毒物质在农作物中残留量上升。为减少对农药的依赖，生产出更多更清洁的食品，必须改变常规农业生产方式，采用生态优化的植保技术等。

（1）生态优化的植保技术要点。防治病虫害的生态优化植保技术，包括种植作物的种类和时间变化、增加天敌、耕作方式变化等多方面。①通过作物种植的时间及空间上的变化来防治或减少病虫的危害。②利用轮作、间作与种植方式的改变来限制病虫危害作物的能力。③利用农田周围的各种野生植被来增加天敌的丰度及扑杀害虫的能力。④种植诱集植物。⑤利用耕作方式及其他栽培技术来影响农业生态系统内部及周围的茬间存活病虫。

（2）害虫的生物防治。生物防治是生物种群间相互制约关系在农业生产上的应用。生物防治可达到少用农药、减少污染、保护好农业生态环境的效果，主要措施有：①调查当地主要害虫的关键天敌。②准确测报，合理使用农药，协调化学防治和生物防治的矛盾。③推广综合防治，合理调整防治指标。④创造适宜天敌生活的生态条件。

第三节　绿色食品生产资料

一、绿色食品生产资料的概念

农业生产资料简称农资，一般是指在农业生产过程中用以改变和影响劳动对象的物质资料和物质条件，如农药、化肥、饲料及饲料添加剂、农膜、种子、种苗、农业机械等。

农作物在生长发育过程中，不断从大气、土壤中吸收营养物质，通过光合作用，将无机营养物质转化为有机营养物质，最终为人类提供所需的目标产量。当自然环境条件不能满足人类期望的目标时，人类就会利用自己的智慧，通过生产资料的投入来达到目的。畜禽等动物生产离不开饲料，而饲料是以农作物的产品为基础。因此，农药、化肥等农业生产资料的质量和安全标准，不仅直接影响农产品的质量安全，而且还会通过饲料等影响畜禽产品的质量安全。

绿色食品生产资料是指经绿色食品发展中心认定，符合绿色食品生产要求及相关标准的，被正式推荐用于绿色食品生产的生产资料。绿色食品生产资料分为AA级绿色食品生产资料和A级绿色食品生产资料。AA级绿色食品生产资料推荐用于所有绿色食品生产，A级绿色食品生产资料仅推荐用于A级绿色食品生产。绿色食品生产资料涵盖农药、肥料、食品添加剂、饲料添加剂（或预混料）、兽药、包装材料及其他相关生产资料。

发展绿色食品生产，生产资料必须符合绿色食品的相关要求。绿色食品生产资料必须同时具备下列条件。①经国家有关部门检验登记，允许生产、销售的产品。②保护或促进使用对象的生产，或有利于保护或提高产品的品质。③不造成使用对象产生和积累有害物质，不影响人体健康。④对生态环境无不良影响。

在绿色食品生产资料产品的包装标签的左上方，必须标明"X（A或AA）级绿色食品生产资料""中国绿色食品发展中心认定推荐使用"字样及统一编号，并加贴统一的防伪标签。

绿色食品生产资料的申报单位需履行与中心签订的协议，不得将推荐证书用于被推荐产品以外的产品，亦不得以任何方式许可联营、合营企业产品或他人产品享用该证书及推荐资格，并按时交纳有关费用。凡外包装、名称、商标发生变更的产品，需提前将变更情况报中心备案。

绿色食品生产资料自批准之日起，三年有效，并实行年审制。希望第三年到期后继续推荐其产品的企业，需在有效期满前九十天内重新提出申请，未重新申请者，视为自动放弃被推荐的资格，原推荐证书过期作废，企业不得再在原被推荐产品上继续使用原包装标签。

未经中心认定推荐或认定推荐有效期已过或未通过年审的产品，任何单位或个人不得在其包装标签上或广告宣传中使用"绿色食品生产资料""中国绿色食品发展中心认定推荐"等字样或词语，擅自使用者，将追究其法律责任。

取得推荐产品资格的生产企业在推荐有效期内，应接受中心指定的检测单位对其被推荐的产品进行质量抽检。

绿色食品生产资料认定推荐工作由中心统一进行，任何单位、组织均不得以任何形式直接或变相进行绿色食品生产资料的认定、推荐活动，《绿色食品生产资料认定推荐申请书》由中心统一制作印刷。

二、绿色食品生产资料在生产中的地位及作用

绿色食品的产生与发展是建立在保护环境和保持资源可持续利用并提高生命质量的前提下，从保护、改善生态环境入手，以开发无污染食品为突破口，改革传统食物生产方式和管理手段，实现农业和食品工业可持续发展，从而将保护环境、发展经济及增进人们健康紧密地结合起来，促成环境、资源、经济及社会发展的良性循环。绿色食品生产是按照相关标准对产品进行全程质量控制的生产方式，当其中某个环节发生问题时，整个生产系统就会遭到破坏。当使用的生产资料不符合绿色食品生产资料相关标准时，首先绿色食品的生产就会造成环境的污染，破坏生态平衡，同时食品中含有超标的有害物质会影响人类的健康。其次，产前的环境监测等相关工作和努力就会丧失应有的价值，而后期的加工过程即使完全符合加工标准，也会因为原料的不合格而导致最终的产品不符合绿色食品的要求，成为不合格产品。

因此，所用绿色食品生产资料与普通意义上的生产资料相比具有更高的要求。认证推荐绿色食品生产资料的核心问题是它对产品的安全、质量和环境的影响，绿色食品生产资料直接作用于绿色食品生产的全过程。符合生产绿色食品标准要求的生产资料在绿色食品生产中具有重要的作用。

（一）保证绿色食品安全

安全是绿色食品的突出特点。影响绿色食品安全的因素除了生产加工过程中的诸多要素外，更重要的是生产资料的使用。绿色食品的安全性是通过严格执行《绿色食品肥料使用准则》《绿色食品农药使用准则》《绿色食品添加剂使用准则》《绿色食品饲料和饲料添加剂使用准则》《绿色食品兽药使用准则》等绿色食品生产资料使用准则来实现的。凡是经过认证推荐的绿色食品生产资料和允许使用的生产资料的基本特点是低毒、低残留、无"三致"，所以从源头上保证了绿色食品对安全的承诺。

（二）提高绿色食品品质

优质、营养是绿色食品的又一个突出特点。这是人们在食物基础效用得到满足后对食物效用提出的更高的要求，这也是绿色食品及同类产品得以发展的背景所在。绿色食品优质、营养品质的实现及不断提高，生产资料是重要的决定因素之一。食品质量的高低由食品质量特征指标和构成因素决定，一是营养价值，也称营养生理质量，包括能量、脂肪、碳水化合物、蛋白质、维生素、矿物质等；二是健康价值，也称卫生质量，主要考核食品有害物质和外来杂质的含量；三是实用性和可用性，也称为技术与物质质量，包括可贮藏性、可加工性、可加工出品率等；四是享受价值，也称情感质量，包括形态、颜色、气味、口味；五是心理价值，也称适感的、生态和社会的质量，主要是要求生产方式与生产过程有益于生态环境的改善与保持，有益于生产者的收入与健康。而生产资料的使用直接影响上述指标和因素，从这一意义上看，绿色食品的优质营养品质，必须有符合绿色食品生产标准要求的生产资料做保证。

三、绿色食品生产资料的开发

（一）绿色食品生产资料开发的必要性

1. 农业环境问题给人类健康带来的危害，迫切要求加强对绿色食品生产资料的开发和使用

在农业生产过程中造成的污染是农业环境污染中比较突出的问题。化学肥料、化学农药等现代商品投入物对环境、资源、食品以及人体健康产生的危害具有隐蔽性、累积性和长期性。

目前我国农业生产中肥料，尤其是化学肥料的施用量比较大，而化肥利用率一般只有30%左右，即70%进入了环境，污染了气、土、水，既浪费资源，又污染生态环境。从污染对象来分析，肥料尤其是化学肥料的施用对大气、水源和土壤都会产生污染。第一，对大气的污染。污染大气的成分主要是化学氮肥，由于施肥不当，造成氨的挥发，此外，反硝化作用、反硫化作用中产生氮氧化物（NOx）、沼气、硫化氢等物质可影响大气环境，污染空气。第二，对水质的污染。土壤及施肥中的营养物质随水下渗、淋溶，进入地下水或农区水域，造成水质污染。特别是其中的硝态氮极易随水进入地下水，其经过反硝化作用生成的亚硝酸离子和亚硝酸胺都是可致癌物质。同时，施肥中过量的氮和磷还会加速农区水库等水体的富营养化，造成水质变劣，藻类大量繁殖，使水体透明度和溶解度降低，不仅破坏生态平衡，而且还会破坏水产养殖以及农业供水。第三，对土壤的污染。化肥的污染主要来自肥料中含有的重金属及其他毒性离子，煅烧矿物而生产的肥料往往含有砷、镉、铬、氟等有害元素；垃圾、污泥、污水中混入的一些物质，如废电池中含有的汞、锌、锰金属有害元素；洗涤剂、塑料中含有多

氯联苯、多元酚等有机污染成分。同时一些生活垃圾、粪便或植物的残体中含有对人体有害的病原体。以上这些物质一旦进入土壤，都会对土壤产生污染，进而对人类的健康与生存产生危害。

自 20 世纪 40 年代以来，随着现代化学工业的发展，农业上大量使用各种化学合成物质及农药，我国自 90 年代以来，农药的使用量每年高达 100 万吨，它一方面提高了农业生产率的土地利用率，另一方面也造成了大面积的环境污染。农药施用于农田后，其归宿有二：一是分解为无毒，无害的化合物；二是残存于环境之中。而我国现使用的农药，尤其是杀虫剂、杀鼠剂、除草剂等化学合成物质残效期一般都较长，能长期存在于环境之中。据研究，施于农田的农药能被吸收利用的最多只有 30%，有的甚至只有 10% ~ 20%，落到地面的非靶区的为 40% ~ 60%，飘浮于大气中的为 5% ~ 30%，也就是说，进入环境中的农药高达 70%。进入环境的农药会随着气流和水流在各处环流，污染大气和水体，最终污染土壤，破坏生态环境，通过食物、饮用水进入生物和人体，从而对生物及人类的健康与生存产生危害[7]。不科学合理地使用各种化学合成的有机农药，一方面会使一些病虫草害等对农药产生抗药性；另一方面会加剧农产品中农药的残留及环境污染，危害人类的健康。

所以，适用于绿色食品生产的生产资料，已成为开发安全食品所必须采取的手段。

2. 提高绿色食品生产者竞争力的需要

绿色食品生产资料是发展绿色食品生产的物质技术基础。绿色食品生产实施从"土地到餐桌"的全程质量控制，包括产地检验、种植、养殖、加工、包装、贮运、销售等环节，都应严格按照绿色食品生产标准实施监控，防止污染。随着人们生活水平和环保意识的提高，市场对绿色食品需求的增长，生产者迫切要求为绿色食品生产开发提供既符合绿色食品生产标准，又能促进绿色食品生产获得较高产量的生产资料，以提高其市场竞争力。

3. 绿色食品产业的形成，为开发绿色食品生产资料提供了广阔的空间

随着人们对安全食品认识的不断提高和需求的增大，绿色食品产业作为一个新兴的产业，具有广阔的发展空间和极大的发展潜力。现实表明，没有相应数量的绿色食品生产资料，就不可能生产出符合绿色食品质量要求和标准的绿色产品，要保证绿色食品产品的质量，推动绿色食品产业的健康发展，就必须解决好绿色食品生产资料的开发。目前，在绿色食品生产中，绿色食品生产资料开发认证相对滞后，满足不了绿色食品生产对生产资料的要求，因此，开发绿色食品生产资料有着巨大的发展空间和潜力。

7　王运浩.中国绿色食品发展现状与发展战略 [J]. 甘肃农业 ,2009,32(10):8-13.

（二）开发绿色食品生产资料的原则

1. 开发绿色食品生产的种苗

积极进行绿色食品种苗的育种和繁殖，加大优良品种的引进和筛选力度，为生产者提供优质、高产、抗病虫害、抗逆性强、适应性广的优良农作物、畜禽、水产新品种，充分利用品种自身的抗性基因抵御不良外界环境、生物等的影响，减少使用或不使用化学农药、兽药、渔药，防止污染，保障质量。

2. 开发绿色食品生产的肥料

绿色食品肥料要做到保护和促进作物的生长和品质的提高，不使作物产生和积累有害物质，不影响人体健康，对生态环境无不良影响。根据 A 级和 AA 级绿色食品肥料使用准则，重点是发展绿肥、沼肥、农家肥、饼肥和矿物质等肥料，同时开发应用科技含量高的微生物肥和允许使用的化学肥料，禁用硝态氮肥。

3. 开发适合绿色食品生产的农药

绿色食品生产的农作物病虫害防治应综合运用多种防治措施，创造有利于作物和各类天敌繁衍而不利于病虫草害滋生的环境条件，保持农业生态系统的平衡和生物多样性，减少病虫草危害。优先采用农业防治措施、物理机械防治措施和保护、利用天敌的生物防治等措施防治病虫草害。当病虫发生量达到防治指标而必须使用农药时，应遵 A 级和 AA 级绿色食品农药使用准则，开发、使用微生物农药、植物源农药、动物源农药、矿物源农药及允许使用的高效、低毒、低残留的化学农药。

4. 开发绿色食品生产的饲料及饲料添加剂

绿色食品饲料及其添加剂开发是指为了满足饲养动物的需要并提高产品安全性而开发的饲料和向饲料中添加的少量或微量物质。作为绿色食品饲料添加剂，除满足一般畜禽和水产品饲料添加剂需求外，特别要强调无毒害，禁止使用对人体健康有影响的化学合成添加剂。绿色食品生产饲料及其添加剂的开发应立足于纯天然的生长促进剂，应遵守《绿色食品饲料及饲料添加剂使用准则》。

5. 开发绿色食品生产的食品添加剂

食品添加剂是指为改善食品品质和色、香、味以及防腐和加工工艺的需要而加入食品中的化学合成或天然物质。作为食品添加剂使用的物质，最重要的是使用安全性，其后是工艺效果。作为绿色食品生产的食品添加剂，特别强调无毒害，禁止使用对人体健康有影响的化学合成添加剂。重点应以纯天然、对人体无任何毒副作用，符合《绿色食品食品添加剂使用准则》的食品添加剂，为绿色食品添加剂的开发目标。

第四节 绿色食品生产技术基础

绿色食品生产技术标准的核心内容是在总结各地作物种植、畜禽饲养、水产养殖和食品加工等生产技术和经验的基础上，按照绿色食品生产资料使用准则要求，指导绿色食品生产者进行生产和加工活动。

一、绿色食品种植业生产技术

（一）绿色食品种植业生产概念及要点

1.绿色食品种植业生产概念

绿色食品种植业生产是指农业生产遵循可持续发展原则，按绿色食品种植业生产操作规程从事农作物的生产活动。

绿色食品种植业生产操作规程是以农业部颁布的各种绿色食品使用准则为依据，结合不同农业区域的生长特性而分别制定，其主要内容有品种选育、耕作制度、施肥、植保、作物栽培等方面。目的是用于指导绿色食品种植业生产活动，规范绿色食品种植业生产的技术操作。绿色食品种植业生产基地的大气、土壤、水质等，必须经绿色食品管理部门指定的环境监测部门监测，符合《绿色食品产地环境质量标准》《绿色食品肥料使用准则》《绿色食品农药使用标准》《绿色食品添加剂使用标准》。农产品标准采用《绿色食品标准》的要求，其卫生品质要求高于国家现行标准。

2绿色食品种植业生产要点

（1）品种选择。种子是重要的农业生产资料。由于绿色食品产品特定的标准及生产规程要求，限制速效性化肥和化学农药的应用，因此，不仅要求高产优质，而且要求抗性强，以减轻或避免病虫害的危害，也就能减少农药的施用和污染。因此，绿色食品种植业生产，首先要抓好品种工作。

①选择、应用品种时，在兼顾高产、优质的同时，要注意高光效和抗性强的品种的选用，以增强抗病虫和抗逆的能力，减少农药的施用和污染。

②在不断充实、更新品种的同时，要注意保存原有地方优良品种，保持遗传多样性。

③加速良种繁育，为扩大绿色食品再生产提供物质基础。

④绿色食品生产栽培的种子和种苗必须是无毒的，来自绿色食品生产系统，同时对当地土壤及气候条件有较强的适应性。

（2）耕作制度

①轮作在绿色食品生产中的作用：第一,减轻农作物的病、虫、草害。农作物的

许多病虫对寄主有一定的选择性，一般在土壤中能栖息 2 ～ 3 年，因此，利用改变寄主来降低病虫危害，利用前茬作物根系分泌物抑制某些危害后作物的病菌，以减轻病害。还可以利用某些害虫有专食性或寡食性的特性，通过轮作取消其食物源，从而使虫害减轻，也能减轻伴生性杂草危害。第二，调节土壤养分和水分的供应。通过合理轮作可以协调养分的利用，延缓地力的减退，充分发挥土壤肥力的潜力。利用对水分适应性不同的作物轮作，能充分且合理地利用全年自然降雨和土壤中贮积的水分。③改善土壤物理化学性状。由于不同作物根系分布深浅不一，遗留于地中的茎秆、残茬、根系和落叶等补充土壤有机质和养分的数量和质量不同，从而影响到土壤理化状况，而水旱轮作对改善稻田的土壤结构状况更有特殊意义。绿色食品生产地在安排种植计划和地块时，就应将轮作计划列入其中。尽量采用轮作，减少连作，以充分利用轮作的优点，克服连作的弊端。

②复种在绿色食品生产中的作用。充分利用农田时间和空间，科学合理地提高复种指数，实行种植集约化，有利于扩大土壤碳源的循环。一方面通过田间多茬作物根茬遗留的有机物，增多土壤的有益微生物群;另一方面通过作物秸秆"沤肥""过腹还田"等各种途径，直接、间接归还土壤，增大潜在的有机物输入量。即通过复种可扩大有机肥的肥源，促进农田有机物的分解循环，提高土壤肥力，从而可降低化肥及其他有关化学物质的施用量，减少环境遭受污染的程度,加速绿色食品产地的自身良性循环。

③间套种在绿色食品生产中的作用。合理的间、套作与单作相比具有充分利用土地和太阳能、土壤中养分水分等自然资源的特性，能使它们转变为更多的作物产品。在人多地少的地区可充分利用多余劳力，扩大有机物质的来源，提高土地的生产力。

（3）肥料使用

①肥料的作用：①通过施肥能提高土壤肥力和改良土壤。增施有机肥，能增加土壤中有机质含量，改善土壤结构，通过施肥可以调整土壤 pH 值，保持作物生育和土壤微生物活动的适宜环境，还可以缓解土壤中不良因素，如酸壤或盐渍土的影响，改良土壤。土壤改良及土壤肥力的提高，为绿色食品作物生长创造了良好的环境。②施肥是增加产量的基础和保证。通过培肥可提高土壤生产力，平衡和改造农作物所必需的营养物质的供应状况，使作物生长健壮，获得好收成，提高单位面积产量。同时，通过施肥可以增强作物抗逆能力。③通过合理的施肥可以改善农产品品质，促进绿色食品产品品质的进一步提高。

②肥料的污染。不合理施肥不仅起不到应有的肥效，造成经济上的浪费，更重要的是污染了环境，进而通过食物、饮水给人和畜禽带来潜在的危害。此外，有机肥由于管理不善或未经无害化处理，也会造成污染。第一，对土壤的污染。肥料对土壤可能产生化学、生物、物理等方面的污染。化学污染主要来自肥料中含有的重金属及其他有毒离子。还有垃圾、污泥、污水中混杂的化学成分，如废电池中含有的汞、锌、

锰；洗涤剂、塑料中含有的多氯联苯、多元酚有机污染成分。生物污染是各种有机垃圾、粪便或植株残体中，带有对植物和人体有害的病原体，还有的附着在产品上，被食用进入人体。物理污染主要是施入土壤中的有机肥，尤其城市垃圾中带有未经清理的碎玻璃、旧金属、煤渣、破塑料及薄膜袋等会使土壤渣砾化，降低土壤保水、保肥能力，致使作物生长不良。第二，对水质的污染。土壤中的营养物质可随水往下淋溶，进入地下水和农区水域，造成对水质的污染。其中主要是各种形态的氮素肥料大量施用，作物不能全部吸收利用，氮素肥料在土壤中，由于微生物等作用形成硝态氮，它不能被土壤吸附，最易随水进入地下水。而地下水在不少地方是供人、畜饮用的，硝态氮进入人、畜体内，在一定条件下还原成有害的亚硝酸盐和亚硝胺，影响其健康。施肥中过量的氮和磷还会加速农区水体富营养化，造成水质变劣，破坏生态平衡。第三，对大气的污染。与大气污染有关的营养元素是氮。人类由于施肥不当，造成 NH_3 的挥发、反硝化过程中产生的氮氧化合物、沼气、恶臭等会影响大气环境，污染空气。第四，对食品造成污染。施肥不当还可能直接对食品造成生物和化学污染。生物污染是由于有机肥及人、畜粪尿带有致病菌造成的；化学污染则是过量氮素，使产品中硝酸盐含量增加而引起。

由上可见，施肥与绿色食品关系密切，直接影响到绿色食品产地的环境质量、绿色食品生产和产品的产量及质量，是绿色食品种植业生产中不容忽视的环节。

③施肥技术：第一，创造一个农业生态系统的良性养分循环条件。充分地开发和利用本区域、本单位的有机肥源，合理循环使用有机物质。农业生态系统的养分循环有三个基本组成部分，即植物、土壤和动物，应协调与统一三者的关系，创造条件，充分利用田间植物残余物、植株（绿肥、秸秆）、动物的粪尿、厩肥及土壤中有益微生物群进行养分转化，不断增加土壤中有机质含量，提高土壤肥力。所以，绿色食品种植业生产基地在发展种植业的同时，要有计划、按比例地发展畜禽、水产养殖业，综合利用资源，开发肥源，促进养分良性循环。第二，经济、合理地施用肥料。绿色食品生产合理施肥就是要按绿色食品质量要求，根据气候、土壤条件以及作物生长状态，正确选用肥料种类、品种，确定施肥时间和方法，力求以较低的投入获得最佳的经济效益，通过土壤、植株营养诊断，科学地指导施肥。第三，以有机肥料为主体，使有机物质和养分还田。有机肥料是全营养肥料，不仅含有作物所需的大量营养元素和有机质，还含有各种微量元素、氨基酸等；有机肥的吸附量大，被吸附的养分易被作物吸收利用，又不易流失；它还具有改良土壤，提高土壤肥力，改善土壤保肥、保水和通透性能的作用。因此，绿色食品生产要以有机肥为基础。施用有机肥时，要经无害化处理，如高温堆制、沼气发酵、多次翻捣、过筛去杂物等，以减少有机肥可能出现的负面作用。第四，充分发挥土壤中有益微生物在提高土壤肥力中的作用。土壤的有机物质常常要依靠土壤中有益微生物群的活动，分解成可供作物吸收的养分而被利用，

因此，要通过耕作、栽培管理，如翻耕、灌水、中耕等措施，调节土壤中水分、空气、温度等状态，创造一个适合有益微生物群繁殖、活动的环境，以增加土肥中有效肥力。近年微生物肥料在我国已悄然兴起，绿色食品生产可有目的地施用不同种类的微生物肥料制品，以增加土壤中的有益微生物群，发挥其作用[8]。第五，严格按照绿色食品肥料使用准则要求，尽量控制和减少化学合成肥料，尤其各种氮素化肥的使用，必须使用时，也应与有机肥配合使用。禁止使用硝态氮肥。化肥施用时必须与有机肥按氮含量1：1的比例配合施用，最后使用时间必须在作物收获前30d施用。

（4）作物灌溉

①作物灌溉的原则：第一，灌溉要保证绿色食品作物正常生长的需要。第二，灌溉不得对绿色食品作物植株和环境造成污染或其他不良影响，在选择绿色食品生产地时，必须对水质进行检测。此外，灌溉水中的泥沙和过多的含盐量也会给绿色食品生产带来不良影响。第三，应根据节水的原则，经济合理地利用水资源。④要同时抓好灌溉和排水系统的建立。

②作物灌溉的措施：第一，对灌溉水加强监测，并采取防污保护措施。绿色食品生产地必须按绿色食品农田灌溉水水质标准进行监测，并注意保护和维护水质。加强对产地水源，包括地下水的水质监控。第二，总结和运用节水的耕作措施，并吸收先进的灌溉技术。目前，世界上开发的水资源中70%～80%用于农业灌溉，但是，农田灌溉水的利用率较低，发达国家的水利用率一般在50%左右，许多发展中国家仅为25%，充分合理地利用有限的水资源，在水短缺的干旱、半干旱地区获得高产是当今世界农业关注的问题，也是绿色食品生产要认真对待的问题。

（5）植物保护技术

绿色食品生产中植保工作的基本原则：①要创造和建立有利于作物生长、抑制病虫害的良好生态环境。②预防为主、防重于治。③以农业生态学为理论依据综合防治。④优先使用生物防治技术和生物农药。⑤必须进行化学防治时，要合理使用化学农药。

综合防治的技术措施：①植物检疫。植物检疫是植保工作的第一道防线，也是贯彻"预防为主，综合防治"植保方针的关键措施。绿色食品生产基地在引种和调运种苗中，必须依靠植检机构，根据《植物检疫法》的规定，做好植检工作。②农业防治。通过农业栽培技术防治病虫害是古老而有效的方法，是综合防治的基础。农业防治包括以下几项措施：a.选用抗病虫的优良品种。b.改进和采用合理的耕作制度。c.加强田间管理，提高寄主作物的抗性。③物理机械防治及其他防治新技术。利用物理因子或机械来防治病虫，包括从人工、简单器械到应用近代生物物理技术，如人工捕捉、诱集诱杀、高低温的利用、高频电、微波、激光等。随着现代科学技术的发展，人们

8　修文彦，余汉新，程长林，等.食品加工企业发展绿色食品品牌的影响因素及对策[J].中国食物与营养,2016,22(11):21-25.

也在不断开拓新的防治技术途径，力求充实综合防治技术内容，提高综合防治技术水平。④生物防治。生物防治是指以有益生物控制有害生物数量的方法，即利用天敌来防治病虫的方法，不对作物和环境造成污染，是综合防治中重要组成部分，绿色食品生产中应优先使用。a.保护天敌，使其自然繁殖或根据天敌特性，制定和采用特定的措施，以增加其繁殖。一般好的耕作措施往往能起到很好的保护利用天敌的效果。b.人工大量繁殖，释放天敌。这通常在通过保护自然界中的天敌后，仍不足以控制某些害虫数量处于经济受害水平以下时才使用。c.从外地引进天敌，改善和加强本地天敌组成，提高自然控制效能。多用来消灭新传入的病虫。⑤药剂防治。要优先选用生物源和矿物源的农药，因为它们对作物的污染相对地少。由于绿色食品质量的特殊要求，整体上要遵循《生产绿色食品的农药使用准则》。

（6）作物产品收获

在绿色食品作物收获过程中应遵循以下原则。

①防止污染。与作物直接接触的工具不能对作物产品的物理化学性质产生影响，若采用机械收割时，则保证机械对生产基地的环境和产品不造成污染，更不应有污染物的渗漏事故发生。

②确定最佳采收期。

③减少浪费，节约成本。

④分批收获。不同品种、不同品质的作物分期、分批进行收获，可以保证绿色食品作物的质量。

（二）绿色食品种植业优势种类生产技术规程（以黑龙江省为例）

1. A级绿色食品水稻生产技术操作规程

（1）范围

本标准规定了黑龙江省A级绿色食品水稻生产的生态环境条件、种子及其处理方法、育苗、插秧、本田管理、收获、加工、贮藏要求。本标准适用于A级绿色食品水稻生产的产地环境条件、育苗技术、壮苗标准、育苗前的准备、种子及其处理、播种、秧田管理、收获、脱谷、贮藏。

（2）规范性引用文件

下列文件中的条款通过本标准的引用而成为本标准的条款。凡是注日期的引用文件，其随后所有的修改单（不包括勘误的内容）或修订版均不适用于本标准，然而，鼓励根据本标准达成协议的各方研究是否可使用这些文件的，凡是不注日期的引用文件，其最新版本适用于本标准。

NY/T391 绿色食品产地环境质量条件

NY/T393 绿色食品农药使用准则

NY/T394 绿色食品肥料使用准则

（3）产地环境条件：产地环境条件应符合 NY/T391 要求。

①大气：产地周围不得有大气污染源，上风口没有污染源；不得有有害气体排放，生产生活用的燃煤锅炉需要除尘除硫装置。

②土壤：产地土壤元素位于背景值正常区域，周围没有金属或非金属矿山，无农药残留污染，具有较高土壤肥力。

③灌溉水源：地表水、地下水水质清洁无污染；水域或水域上游没有对该产地构成污染威胁的污染源。

（4）育苗技术

第一，壮苗标准。①大苗壮苗标准：秧龄 35～40d，叶龄 4.0～4.5 叶，苗高 17cm 左右，16～18 条根，百苗干重 5g 以上。②中苗壮苗标准：秧龄 30～35d，叶龄 3.5～4.0 叶，苗高 12～14cm，根数 9～10 条，百苗干重 3g 以上。

第二，育苗前准备。①秧田地选择：选择无污染的地势平坦、背风向阳、排水良好、水源方便、土质疏松肥沃的地块做育苗田。秧田长期固定，连年培肥。纯水田地区，可采用高于田面 50cm 的高台育苗。②秧本田比例：大苗 1：100～1：120，每公顷本田需秧田 80～100m²；中苗 1：80～1：100，每公顷本田需育秧田 100～120m²。③苗床规格：采用大中棚育苗。中棚育苗床宽 5～6m，床长 30～40m，高 1.5m；大棚育苗，床宽 6～7m，床长 40～60m，高 2.2m，步行道宽 30～40cm。④整地做床：提倡秋施农肥，秋整地做床；春做床的早春浅耕 10～15cm，清除根茬，打碎土块，整平床面。⑤床土配制：每平方米施过筛经无害化处理农肥 10～15kg，壮秧营养剂 0.125kg，与备好的过筛床土混拌均匀，床土厚度 10cm 左右，床土 pH 值为 4.5～5.5。⑥浇足苗床底水：床土消毒前先浇足底水，施药消毒后使床土达到饱和状态。⑦床土消毒：用清枯灵、立枯净、克枯星、病枯净等符合 NY/T393 要求的农药进行床土消毒。

第三，种子及其处理。①品种选择：根据当地积温等生态条件和绿色食品水稻对品种的要求，选用熟期适宜的优质、高产、抗逆性强的品种。第一、第二积温带选用主茎 13～14 叶的品种；第三、第四积温带选用 10～12 叶的品种，保证霜前安全成熟。严防越区种植。②种子质量：种子达二级以上标准，纯度不低于 98%，净度不低于 97%，发芽率不低于 90%，含水量不高于 15%。每两年更新一次。③晒种：浸种前选晴天晒种 1～2d，每天翻动 3～4 次。④筛选：筛出草籽和杂质，提高种子净度。⑤选种：用密度为 1.08（有芒）～1.1t/m³（无芒）的盐水选种，用比重计测定密度。捞出秕谷，再用清水冲洗种子。⑥浸种消毒：把选好的种子用 10% 施保克或 10% 浸种灵 5000 倍液于室温下浸种。种子与药液比为 1：1.25，浸种 5～7d，每天搅拌 1～2 次，浸种积温为 70℃～100℃。⑦催芽：将浸泡好的种子，在温度 30℃～32℃条件下破胸。当种子有80%左右破胸时，将温度降到25℃催长芽，要经常翻动。当芽长1cm时，降温到15℃～20℃，晾芽6h左右播种。

第四，播种：。①播期：根据当地气候条件确定适宜播期，当平均日气温稳定通过5℃～6℃时开始播种。黑龙江省第一、二积温带，4月10-25日播种；第三、四积温带，4月15-28日播种。②播量：大苗每平方米播芽种150～175g，中苗每平方米播芽种200～275g，或按计划密度计算播芽量。③覆土：播后压种，使种子三面入土，然后用过筛细土盖严种子，覆土厚度0.5～1cm。④封闭除草：以人工除草为主，化学除草应使用高效、低毒、低残留除草剂，可用丁扑合剂毒土法封闭灭草，然后在床面平铺地膜，出苗后立即撤掉地膜。

第五，秧田管理。①温度管理：播种至出苗期，密封保温；出苗至1叶1心期，开始通风炼苗。棚内温度不超过28℃；秧苗1.5～2.5叶期，逐步增加通风量，棚温到25℃，防止高温烧苗和秧苗徒长；秧苗2.5～3.0叶期，昼揭夜盖棚膜，棚温控制到20℃；移栽前全揭膜，炼苗3d以上，遇到低温时，增加覆盖物，及时保温。②水分管理：秧苗2叶期前原则上保持土壤湿润。当早晨叶尖无水珠时补水，床面有积水要及时晾床；秧苗2叶期后，床土干旱时要早、晚浇水，每次浇足浇透；揭膜后可适当增加浇水次数，但不能灌水上床。③苗床灭草：稗草出土后，可在水稻1叶1心期用敌稗进行茎叶处理，每公顷用20%敌稗乳油10～15L，兑水250kg均匀喷雾，喷药后立即盖膜。④预防立枯病：秧苗1叶1心期时，应使用符合NY/T393要求的农药。如用35%清枯灵10g兑水，喷雾30m² 苗床或50%清枯灵30g兑水后，喷雾20m² 苗床。病枯净300倍液，每平方米喷洒2～3kg药液。⑤苗床追肥：秧苗2.5叶龄期发现脱肥，应使用符合NY/T394要求的肥料。如每平方米用硫酸铵1.5～2.0g，硫酸锌0.25g，稀释100倍液叶面喷肥。喷后及时用清水冲洗叶面。秧田可采用苗床施磷，起秧前6h每平方米撒施磷酸二铵150g，或重过磷酸钙250g，追肥后喷清水洗苗。⑥起秧：无隔离层旱育苗提倡用平板锹起秧，秧苗带土厚度2cm。

（5）本田耕整地及插秧技术

第一，本田耕整地。①准备：整地前要清理和维修好灌排水渠，保证畅通。②修建方条田：实行单排单灌，单池面积以700～1000m²为宜，减少池埂占地。③耕翻地：实行秋翻地，土壤适宜含水量为25%～30%，耕深15～18cm；采用耕翻、旋耕、深松及耙耕相结合的方法。以翻一年，松旋二年的周期为宜。④泡田：5月上旬放水泡田，注意节约用水；井灌稻区要灌、停结合，苏达盐碱土稻区要大水泡田洗碱。⑤整地：旱整地与水整地相结合，旋耕田只进行水整地。旱整地要旱耙、旱平、整平堑沟，结合泡田打好池埂；水整地要在插秧前3～5d进行，整平耙细，做到池内高低不过寸，寸水不露泥，肥水不溢出。

第二，本田施肥增施农家肥，少施化肥。N∶P∶K=1∶0.5∶（0.3～0.5），应使用符合 NY/T394 要求的肥料。如可施非硝态氮肥，每公顷施腐熟有机肥 30000kg，结合旱耙施入；结合水整地，每公顷施磷酸二铵 75kg，要求做到全层施肥。

第三，插秧。①插秧时期：日平均气温稳定通过 12～13℃时开始插秧，高产插秧期为 5 月 15～25 日，不插 6 月秧。②插秧规格：中等肥力土壤，行穴距为 30cm×13.3cm；高肥力土壤，行穴距为 30cm×16.5cm，每穴 2～3 棵基本苗。③插秧质量：拉线插秧，做到行直、穴匀、棵准，不漂苗，插秧深度不超过 2cm，插后查田补苗。

（6）本田管理

第一，追肥。插秧后到分蘖前，应使用符合 NY/T394 要求的肥料。如每公顷施返青分蘖肥尿素 75kg，7 月 15 日前后每公顷施穗肥尿素 15～22.5kg。

第二，灌水与晒田。①护苗水：插秧后返青前灌苗高 2/3 的水，扶苗护苗。②分蘖水：有效分蘖期灌 3cm 浅稳水，增温促蘖。苏达盐碱土区每 7～10d 换 1 次水。并实行整个生育期浅水管理，9 月初撤出水。③晒田：有效分蘖中期前 3～5d 排水晒田。晒田达到池面有裂缝，地面见白根，叶挺色淡，晒 5～7d，晒后恢复正常水层。苏达盐碱土区和长势差的地块不宜晒田。④护胎水：孕穗至抽穗前，灌 4～6cm 活水。井灌稻区应实行间歇灌溉，遇到低温灌 10～15cm 深水护胎。⑤扬花灌浆水：抽穗扬花期，灌 5～7cm 活水，灌浆到蜡熟期间歇灌水，干干湿湿，以湿为主。⑥黄熟初期开始排水，洼地可适当提早排水，漏水地可适当晚排。

第三，除草。以人工除草为主，6 月末前中耕两遍，7 月 10 日前人工除草 1～2 遍。化学除草为辅，水稻插秧后 5～7d（返青后），每公顷用 60% 丁草胺 1000mL～1200mL 加 10% 草克星 100～150g 或农得时 200～250g，毒土法施入。

第四，防治负泥虫，用人工扫除。

第五，防治稻瘟病。每公顷用春雷霉素或井冈霉素 30～50g，兑水 1000 倍液叶喷；或用 40% 富士一号可湿性粉剂（收获前 30d，仅限用一次），每公顷用 900～1125g 兑水 500～700 倍液喷施。

第六，农药喷洒器械符合国家标准要求的器械，保证农药施用效果和使用安全。

（7）收获、脱谷、贮藏

第一，收获。①收获时期：当 90% 稻株达到完熟即可收获。②收获质量：做到单品种单种、单收、单管，割茬不高于 2cm，边收边捆小捆，码小码，搞好晾晒，降低水分。稻捆直径 25～30cm。立即晾晒，基本晒干后再在池埂上堆大码，封好码头，防止漏雨、雪，收获损失率不大于 2%。

第二，脱谷。稻谷水分达到 15% 时脱谷，脱谷机转速 550～600r/min，脱谷损失率控制在 3% 以内，糙米率不大于 0.1%，破碎率不大于 0.5%，清洁率大于 97%。

第三，贮藏。温度控制在 16℃以下；稻谷水分 14%～15%；空气湿度 70% 左右。

2. A级绿色食品温室、大棚黄瓜生产技术操作规程

（1）范围。本标准规定了黑龙江省A级绿色食品温室、大棚黄瓜生产的产地条件选择、种子及其处理、选茬整地、施肥、播种、棚室内管理、收获及产品质量等技术要求。本标准适用于全省A级绿色食品温室、大棚黄瓜生产。

（2）产地环境条件。产地环境条件应符合NY/T391的要求。

土壤：土层深厚，结构疏松，腐殖质丰富的土壤。安排黄瓜茬口时，注意轮作和倒茬，特别注意避开上年用过高残留农药的地块。

（3）品种选择根据市场需求，选择适应当地生态条件且经审定推广的优质、抗逆性强的高产品种，如春茬山东密刺、长春密刺、新泰密刺等，秋茬津研4号、津杂2号，夏丰等。

（4）春茬棚室栽培，

①育苗方式：温室内营养钵育苗。

②播种期：根据当地生态条件，春茬日光节能温室12月上、中旬播种，大棚多层覆盖2月上旬播种。

③播种方式：催芽、育苗移栽。

④播种密度：根据计划密度计算播种量，每公顷播种量为2.1～2.25kg。

⑤播种前准备：①育苗盘，规格为50cm×35cm×5cm或（60～70）cm×40cm×5cm。育苗盘育籽苗用河沙。②营养土的配制：60%葱蒜茬土，40%陈草炭土或腐熟有机肥混拌均匀，每立方米混合土再加10kg腐熟大粪面或腐熟鸡粪，1kg的磷酸二铵。③营养钵高8cm，直径8cm，移苗前装入营养土备用。④种子处理：播种前用50℃热水烫种10～15min消毒，待水温降到25℃时，浸种8～10h，搓洗，清水投净。第五催芽种子捞出后用干净毛巾或湿布包好，催芽保持25～28℃，12h后种子已萌动，放置在0℃～2℃的低温条件下锻炼一周，从而提高秧苗抗寒力。

6）播种：①沙箱播种育子苗：用80℃热水浇透水，待稍冷撒播，覆沙1cm，子叶展平嫁接。②嫁接育苗：砧木黑籽南瓜，插接或靠接，嫁接后遮光保湿，成活后去掉覆盖物。③架床或土壤电热线育苗苗。

二、绿色食品养殖业生产技术

（一）绿色食品水产养殖业生产概念

绿色食品水产养殖业生产是指农业生产遵循可持续发展原则，按绿色食品水产养殖业生产操作规程从事水产动物养殖的生产活动。

绿色食品水产养殖业生产操作规程是以农业部颁布的各种绿色食品使用准则为依据，结合不同农业区域的特点而分别制定，其主要内容有选择品种、养殖用水要求、鲜活饵料和人工配合饲料的原料要求、人工配合饲料的添加剂使用、疾病防治等方面。

目的是用于指导绿色食品水产养殖业生产活动，规范绿色食品水产养殖业生产的技术操作。绿色食品水产养殖业生产必须经绿色食品管理部门指定的监测部门监测，符合《绿色食品产地环境质量标准》《绿色食品肥料使用准则》《绿色食品农药使用标准》《绿色食品饲料及饲料添加剂使用准则》《绿色食品兽药使用准则》《绿色食品渔用药使用准则》。

（二）绿色食品水产养殖业生产的要点

1.绿色食品水产品养殖场区的选择

在水产养殖区域，由于受工业、居民生活等环境因素的影响，有许多区域易受到不同程度的污染，对水产品养殖造成严重威胁。因此，绿色水产品产地环境的优化选择技术是绿色水产品生产的前提。产地环境质量要求包括绿色水产品渔业用水质量、大气环境质量及渔业水域土壤环境质量等要求。

（1）水质和水量。绿色水产品对于养殖用水处理提出了更高要求。养殖场区域选择的首要条件是水质和水量。水质理化指标必须符合国家《渔业水质标准》（GB11607—89），同时水源要充足，常年要有足够的流量，保证渔业用水的需要。

（2）养殖用水中的有毒物质，会对鱼类造成严重危害，在选址上应避开工矿、电厂、废弃的油井等工业污染和生活污染区。环境中，大气、水质和土壤等要求达到《绿色食品产地环境质量标准》。对于水温、水深和面积，应以因地制宜、因时制宜和因物制宜的原则，视饲养种类而定。

对养殖水体的净化是绿色水产品生产的关键，主要有换水、充气、离子交换、吸附、过滤等机械方法，络合、氧化还原、离子交换等化学方法及人为地在一种水体中培育有益生物及水生植物的生物方法等来净化水质。

（3）养殖水体的底泥中含有大量有机物和氮、磷、钾等营养物质，是鱼类的饵料，底泥具有保肥、供肥和调节水质的作用。但底泥如过多、过厚，则有机物质耗氧量大，将对鱼类生长发育造成危害。

（4）场址应选择日晒良好、通风良好、进排水良好的区域。鱼是冷血动物，体温的升降随其生活的水体温度的变化而变化。如果体温急剧升降，鱼不易适应会致病乃至死亡，原生活水体水温相差不超过2℃。

（5）海水养殖区应建造在潮流畅通、潮差大、盐度相对稳定的区域，注意不得靠近河口，以防洪水期淡水冲击，盐度大幅度下降，导致鱼虾淡死以及污染物直接进入养殖区，造成污染。

（6）养殖区要交通方便，将有利于水产品、种苗、饲料、成品的运输，也可使大量的水产品保质、保鲜和保活就地上市，有利于提高商品的价格，增加经济收入。

2. 绿色食品水产品品种的选择与选育

水产养殖要选择高产、高效、抗病以及适应当地生态条件的优良品种，同时，为了避免近亲繁殖，品种退化，应尽可能选用大江、大湖、大海的天然鱼苗作为养殖对象。但对绿色食品水产养殖人工育苗，应注意以下几个问题：

（1）亲本培育。亲本培育时，亲本池应建在水源良好，排灌方便，无旱涝之忧，阳光充足，环境安静，不受人为干扰的地方。亲本放养密度，雌雄比例恰当，投喂符合绿色食品生产要求的适口诱饵饵料和营养全面的配合饲料，尽可能使其自行产卵、孵化。

（2）人工催产授精。诱饵给成熟鱼的亲本注射催产药物，人为控制亲本发情、产卵、受精的一种生产方式。常用的催产药物有促黄体生成素释放激素类似物、脑垂体提取液和绒毛膜促性腺激素。这些激素是 AA 级绿色食品生产中禁止使用的，在 A 级绿色食品生产中仅限于繁殖苗种，但注射过催产药物的亲本不能作为绿色食品的食用水产品出售。

（3）杂交制种。利用不同品种或地方种群之间的差异进行杂交，其子一代生长性能通常好于亲本。但必须养殖于人工能完全控制的水体中，其成体只供食用，不可留种。因为二代性状分离十分严重，丧失了杂种优势，也不可放养或流失于江、河、湖、沼中，以免污染自然种群的基因库。

3. 渔药使用准则

绿色水生动物增养殖过程中对病、虫、敌害生物的防治，坚持"全面预防、积极治疗"的方针，强调"防重于治、防治结合"的原则，提倡生态综合防治和使用生物制剂、中草药对病虫害进行防治；推广健康养殖技术，改善养殖水体生态环境，科学合理混养和密养，使用高效、低毒、低残留渔药；渔药的使用必须严格按照国务院、农业部有关规定，严禁使用未经取得生产许可证、批准文号、产品执行标准的渔药；禁止使用硝酸亚汞、孔雀石绿、五氯酚钠和氯霉素。外用泼洒药及内服药具体用法及用量，应符合水产行业标准规定。

4. 饲料使用准则

饲料中使用的促生长剂、维生素、氨基酸、脱壳素、矿物质、抗氧化剂或防腐剂等添加剂种类及用量，应符合有关国家法规和标准规定；饲料中不得添加国家禁止的药物（如己烯雌酚、哇乙醇）作为防治疾病或促进生长的目的；不得添加未经农业部批准的用于饲料添加剂的兽药。

5. 农药使用准则

在稻田养殖绿色水产品过程中，对病、虫、草、鼠等有害生物的防治，坚持预防为主、综合防治的原则，严格控制使用化学农药。应选用高效、低毒、低残留农药，主要有扑虱灵、甲胺磷、稻瘟灵、叶枯灵、多菌灵、井冈霉素，禁止使用除草剂及高毒、高残留、"三致"农药。稻田养殖使用农药前应提高稻田水位，采取分片、隔日喷雾的施药方法，尽量减少药液（粉）落入水中，如出现养殖对象中毒征兆，应及时换水抢救。

6. 肥料使用准则

养殖水体施用肥料是补充水体无机营养盐类，提高水体生产力的重要技术手段，但施用过量，又可造成养殖水体的水质恶化并污染环境，造成天然水体的富营养化。肥料的种类包括有机肥和无机肥。允许使用的有机肥料有堆肥、沤肥、厩肥、绿肥、沼气、发酵粪等；允许使用的无机肥料有尿素、硫酸铵、碳酸氢铵、氯化铵、重过磷酸钙、过磷酸钙、磷酸二铵、磷酸一铵、石灰、碳酸钙和一些复合无机肥料。

7. 绿色水产养殖中的病害防治

（1）创造良好的水体环境，避免与减少病原体的侵入与环境污染

①合理选择养殖场地。养殖必须考虑水源、水质、环境以及防病等条件，养殖池应建在无污染源及没有严重污染的地区，养殖规模应考虑养殖区的生态平衡。

②彻底清淤消毒。养殖池有机物和腐殖质要进行消毒、曝晒。

③控制海区及养殖池富营养化水平。首先是控制陆地污染源，禁止向海区排放"三废"，排污企业做到先治理后排放，沿海流域城乡逐步推行生活污水先治理后排放，使沿海环境污染的状况得到有效的控制；其次调整产业结构，控制养殖规模和多品种的综合生态养殖，改善养殖区的生态环境，有效控制疾病传播途径。

④重视养殖自身污染。养殖生产应因地制宜做好统一规划，尽量做到统一清淤消毒，对污染排放物做好消毒处理，提倡投喂新鲜及优质配饵，提高养殖者的养殖技术，实现鱼、虾混养等综合养殖方式，避免养殖自身污染与净化养殖环境。

⑤良好的水质有稳定和维持养殖池生态平衡的作用。水体中保持一定数量浮游植物，能够有效地向水中提供氧气，吸收有机物转化的营养盐类，并能够提供养殖苗种基础饵料，有利于稳定水温、水质，促进养殖品种生长，同时可以减少养殖品种的互相吞食和生物的应激反应。目前改善水质的主要方法是施肥和添换水。

⑥光合细菌具有明显的净化水质和改良底质的作用。光合细菌能够吸收利用腐败细菌，分解沉积残饵和排泄物等有机物，分解所产生的硫化氢等有害物质，并能与水中致病菌竞争营养盐、抑制病原生物生长，甚至彻底消灭致病细菌，从而达到防止养殖鱼、虾病害发生的目的。光合细菌还有丰富的营养物质，能够作为鱼虾饵料的添加剂。光合细菌用量为 49.5 ~ 57.0L/h ㎡（菌液含量为 40 亿个 /L），用 10 ~ 20 倍水稀释后泼洒，每天投喂 2 ~ 3 次，直到养殖产品起捕。

（2）应用科学的养殖技术，综合防治病害。

①放养健康苗种，保持合理放养密度。第一，放早苗，培养健康苗种，以延长养殖时间，利于改善水质、避开发病时机；第二，苗种中间培育鱼、虾苗，提倡尼龙大棚暂养早苗，经过 20 ~ 30d 的暂养，培育大规格鱼、虾苗种，准确计数放养到养殖池，提高养殖成活率并降低成本，有利于多茬养殖；第三，采用合理的放养密度，维护养

殖池的生态平衡，以达到最佳经济效益。

②科学投喂优质饵料。第一，选择优质饵料，以防病从口入；第二，合理、科学的投饵方法。

③加强养殖管理。"三分苗种，七分养"，养殖管理是提高经济效益、防止污染与疾病发生的关键所在，日常管理要做到"三勤"，即勤巡塘、勤检查、勤除害。对于疾病要及时监测。在养殖期间，适当使用消毒剂等药物改善养殖环境，预防疾病的发生。

第五节　绿色食品的产品质量检验

一、绿色食品产品质量检验的原则

（1）检验方法中所采用的名词及单位制，必须符合国家规定的标准及法定计量单位，如温度以摄氏度表示，符号为℃，压力单位为帕斯卡，符号为 Pa。

（2）实验中所用的玻璃量器、玻璃器皿需经彻底洗净后才可使用。检验中所用的滴定管、移液管、容量瓶、刻度吸管、比色管等玻璃量器均应按国家有关规定及规程进行检定校正后使用，所量取体积的准确度应符合国家标准对该体积玻璃量器的准确度要求。

（3）检验方法所使用的马福炉、恒温干燥箱、恒温水浴锅等控温设备均应按国家有关规定及规程进行测试和校正。

（4）实验中所用的天平、酸度计、分光光度计、色谱仪等测量仪器均应按国家有关规定及规程进行测试和校正。

（5）检验方法中所使用的水，在没有注明其他要求时，系指其纯度能满足分析要求的蒸馏水或去离子水。

（6）配制溶液时所使用的试剂和溶剂的纯度应符合分析项目的要求。应根据分析任务、分析方法、对分析结果准确度的要求等选用不同等级的化学试剂。一般试剂和提取用溶剂，可用化学纯（CR）；配制微量物质的标准溶液时，试剂纯度应在分析纯（AR）以上；标定标准溶液所用的基准物质，应选用优级纯（GR）；若试剂空白值较高或对测定发生干扰时，则需用纯度级别更高的试剂，或将试剂纯化处理后再用。

（7）数据的计算和取值，应遵循有效数字法则及数字修约规则（四舍、六入、五留双规则）。

（8）检验时必须做平行试验。

（9）检验结果表示方法，要按照相应标准的规定执行。检验结果的表示方法，应与食品卫生标准的表示方法一致。例如：每百克样品中所含被测物质的毫克数表示为mg/100g（毫克百分含量），每千克（或每升）样品中所含被测物质的毫克数，表示为mg/kg 或 mg/L，每千克（或每升）样品中所含被测物质的微克数表示为 μg/kg 或 μg/L。

（10）一般样品在检验结束后应保留一个月，以备需要时复查，保留期限从检验报告单签发日起计算。易变质食品不予保留。保留样品应加封存放在适当的地方，并尽可能保持其原状。

二、绿色食品产品质量检验的主要方法

以绿色食品产品标准为核心的感官品质、营养成分品质、卫生品质等检验所采用的具体检验方法有许多，而且对某一项的检验所采用的方法也不是单一的。比如，李斯特氏菌的检测方法有冷增菌法、常温培养法、免疫学检测法和分子生物学法等；抗生素残留的检验方法有制造完整性试验法（MIT）、异养菌快速测定法法（TTC）、酶联免疫吸附分析法（ELISA）和放射免疫测定法等；农药残留检验方法大致可分为生物测定法、化学分析法、兼生物及化学的免疫分析法和生化检验法以及仪器分析法（分光光度法、质谱法、原子吸收光谱法、薄层层析法、气相色谱法、液相色谱法、同位素标记法、气质联用法等）。

在绿色食品实际检验工作中所采用的检验方法，应严格按照相关产品质量标准中所列出的检验方法执行。对产品质量中未列出检验方法的项目，要按照国家标准、行业标准或参考适宜的国际标准执行。在国家标准测定方法中，同一检验项目如有两个或两个以上检验方法时，检验中心可以根据不同的条件选择使用，但以第一法为仲裁法。

三、绿色食品产品质量检验的程序

（1）中心对全国绿色食品抽样工作实施统一监督管理，省级绿色食品办公室负责本区域内绿色食品抽样工作的实施。

省级绿色食品委托管理机构收到中心下发绿色食品产品质量抽检计划、项目、判定依据、相关要求及抽样单后，认真填抽样单，并由省级绿色食品办公室委派绿色食品检查员进行抽样。如果是申报检验，将委派 2 名以上（含 2 名）绿色食品标志专职管理人员赴申报企业进行抽样（或由申报企业按规定取样后送至绿色食品定点食品检验中心）。如果是抽样检验，省绿色食品管理机构或绿色食品定点的质量监督检验机构按照绿色食品检验工作抽样规范要求，到绿色食品生产企业或该企业提供的供货地点抽取检验样品；或接受检企业提供的具有代表性的受检产品作为检验样品[9]。绿色食品

9 李倩兰，曾福生 . 农产品品牌化经营的经济价值研究 [J]. 北京农业 ,2014(35)：4-9.

定点的质量监督检验部门负责收样，并安排检验。

（2）抽样人员应持《绿色食品检查员证书》《绿色食品产品抽样单》，以及佩戴随机抽样工具、封条，与被抽样单位当事人共同抽样。抽样结束时应如实填写《绿色食品产品抽样单》，双方签字，加盖公章。抽样单一式四联，被抽单位、绿色食品定点监测机构、中心认证处、抽样单位各持一联。

（3）样品一般应在申请人的产品成品库中抽取。抽取的产品应已经出厂检验合格或交收检验合格。抽取的样品应立即装箱，贴上抽样单位封条。被抽样单位应在2个工作日内将样品寄、送绿色食品定点监测机构。抽样人员根据现场检查和国内外贸易的需要，有权提出执行标准规定项目以外的加测项目。

（4）如果抽样人员少于2人的、抽样人员无《绿色食品检查员证书》的、提供的抽样产品与申请认证产品名称或规格不符的、产品未经被抽样单位出厂检验合格或交收检验合格的，不能进行抽样。

（5）根据检验项目要求进行样品制备，制成相应的待测试样，同时将复检及备检样品妥善保管。按采样规程采取的样品往往数量较多、颗粒大、组成不均匀，必须对样品进行粉碎、混匀、缩分，以代表全部样品的成分。

（6）样品送交检验室按照规定检验方法检验，并根据检验结果提交检验报告。

（7）检验报告经三级审核（化验室具体化验员填写原始化验单为一级审核，化验室负责人填写质量审核单为二级审核，质检中心技术负责人填写质量审核单为三级审核）后，由检验中心负责人签批后报有关部门及受检企业。

（8）受检企业如对检验结果持有异议，可在接到检验报告一个月内，向检验中心或绿色食品主管部门提出复检申请。

第六节　绿色食品标志管理及认证

一、绿色食品标志管理

（一）绿色食品标志管理概述

1.绿色食品标志管理的性质

（1）绿色食品标志管理是一种质量管理。所谓管理，泛指人类协调共同生产活动中各要素关系的过程。美国管理学家孔茨认为，管理就是创造一种环境，使置身于其中的人们能在集体中一道工作，以完成预定的使命和目标。绿色食品标志管理，是针对绿色食品工程的特征而采取的一种管理手段，其对象是全部的绿色食品和绿色食品生产企业;其目的是为绿色食品的生产者确定一个特定的生产环境（包括生产规范等），以及为绿色食品流通创造一个良好的市场环境（包括法律规则等）；其结果是维护这类特殊商品的生产、流通、消费秩序，保证绿色食品应有的质量。因此，绿色食品的标志管理，实际上是针对绿色食品的质量管理。

（2）绿色食品标志管理是一种认证性质的管理。认证主要来自买方对卖方产品质量放心的客观需求。1991年5月，国务院发布的《中华人民共和国产品质量认证管理条例》，对产品质量认证的概念做了如下表述:"产品质量认证是根据产品标准和相应技术要求，经认证机构确认，并通过颁发认证证书和认证标志来证明某一产品符合相对标准和相应技术要求的活动。"

由于绿色食品标志管理的对象是绿色食品，绿色食品认定和标志许可使用的依据是绿色食品标准，绿色食品标志管理机构——中国绿色食品发展中心（以下简称"中心"）——是独立处于绿色食品生产企业和采购企业之外的第三方公正地位，绿色食品标志管理的方式是认定合格的绿色食品——颁发绿色食品证书和绿色食品标志，并予以登记注册和公告，所以说绿色食品标志管理是一种质量认证性质的管理。

（3）绿色食品标志管理是一种质量证明商标的管理。绿色食品是经中心在国家工商行政管理局商标局注册的质量证明商标，用以证明无污染的安全、优质营养食品。和其他商标一样，绿色食品标志具有商标所有的共通性:专用性、限定性和保护地域性，受法律保护。

证明商标又称保护商标，是由对某种商品或服务具有检测和监督能力的组织所控制，而由其以外的人使用在商品或服务上，用以证明该商品或服务的原产地、原料、制造方法、质量、精确度或其他特定品质的商品商标或服务商标。与一般商标相比，证明商标具有以下几个特点。

①证明商标表明商品或服务具有某种特定品质，而一般商标表明商品或服务出自某一经营者。

②证明商标的注册人必须是依法成立、具有法人资格、对商品或服务的特定品质具有监控能力，而一般商标的注册申请人只需是依法登记的经营者。

③证明商标的注册人不能在自己经营的商品或服务上使用该证明商标，一般商标的注册人可以在自己经营的商品或服务上使用自己的注册商标。

④证明商标经公告后的使用人，可作为利害关系人参与侵权诉讼，一般商标的被许可人不能参与侵权诉讼。

2. 绿色食品标志管理的目的

绿色食品标志管理的最终目的，是充分保证绿色食品的质量可靠、绿色食品事业的健康发展。鉴于绿色食品标志管理具有产品质量管理、产品质量合格认证、产品质量证明商标这三个特点，因此，其作用于这三个层面上的目的是有区别的。

对绿色食品的质量管理而言，绿色食品生产者通过对产品及产品原料产地的生态环境。产品的生产、加工过程以及产品的运输、贮存、包装等过程质量体系的建立，进而使用绿色食品标志，一方面可以更好地了解自己的产品质量，且在被"追究质量责任"时能够提出足够的证据为自己辩护，另一方面可以自信地向买方宣传自己的产品。

对绿色食品的质量认证而言，处于第三方公正地位的认证者给被认证者颁发绿色食品标志，证明认证者完成了认证过程，且被认证的产品符合认证标准，同时也是对自己权威性认证水平的一种承诺。

对绿色食品质量证明商标而言，由商标的持有人帮助消费者将绿色食品与普通食品作以形象上的区分，同时以法律的形式向消费者保证绿色食品具有无污染、安全、优质、营养等品质，既能取得消费者的信赖，又能对消费者的消费行为进行引导。

3. 绿色食品实施标志管理的作用

从标志这一形式的基本特点出发可以发现，实施标志管理最显而易见的作用是，标志本身的标记作用或区别作用，即通过绿色食品标志把绿色食品和普通食品区别开来。然而，仅仅采取标志管理是远远不够的。从绿色食品涉及农业发展方向和人民生活质量来考虑，实施绿色食品标志管理有以下作用。

（1）通过标志管理，广泛传播绿色食品概念。"绿色食品"标志作为质量商标注册之后，即纳入法制管理。从此意义上讲，这是标志管理极其重要的目的之一。为此，必须强化绿色食品事业法制管理的特点，加强绿色食品标志的宣传。

（2）通过标志管理，实施品牌战略。由于绿色食品标志是证明商标，从而使绿色食品拥有了国际竞争的天然利器。通过标志管理，不断完善绿色食品的质量体系，提高绿色食品企业的生产水平、技术水平、管理水平和营销水平，增加产品的附加值和市场竞争能力；学会运用商标开拓市场、占领市场，是绿色食品企业实施品牌战略的有效途径。当然，要形成名牌，必须经过一个长期的积累过程。绿色食品标志作为商标，它是知识产权，要靠全体绿色食品企业在培养名牌的过程中共同创造、积累和利用。

（3）通过标志管理，连接生产者、管理者和监督者的责任。由于标志代表着市场利益和消费者的价值尺度，所以对一个使用绿色食品标志的企业而言，它在保证其产品符合基本要求的同时，还要对消费者和认证者承担双重的责任。生产企业使用这枚标志的同时，就等于向标志的所有者和消费者做出质量方面的承诺。因此，它必须自觉接受有关方面的管理和监督。标志所有者在许可企业使用这枚标志的同时，也拥有了在一定条件下撤销许可的权利，他有责任对使用者进行管理和监督；消费者在接受标有这枚标志的商品时，自然成为接受企业质量承诺的对象，他也有责任对企业进行监督。另外，标志所有者在许可企业使用这枚标志的过程中，是否坚持标准，是否公正、公平，以及在许可企业使用标志之后，是否管理有利，也要受国家有关部门和广大消费者的监督。这种监督的依据，不能脱离标志的权利关系。因此，标志既是生产、管理、监督三方发生联系的纽带，也是衡量三方责任的尺度，是处理责任者的有力手段。

（4）通过绿色食品标志管理，促进绿色食品与国际接轨。目前各国同类食品由于被支持的理论学说的差异，使各自在对同类食品的命名上不尽一致，认证标准和贸易条件也存在差异，这很大程度地影响了相互间的交流。尽管国际有机农业运动联盟在此问题上已做了相当大的努力，但至今仍未从根本上使问题得到圆满解决。我国绿色食品于20世纪90年代初开始实行，由于更多地注重与中国的具体国情相结合，因此在许多方面并不照搬外国的做法，而是尽可能多地保留自己的特色。然而，这并不影响绿色食品突破东西方人的思维方式、习惯及文化背景而走向世界，原因在于我们既强调民族特色，又注重与国际惯例接轨，即在质量管理上与国际保持一致，在达到要求的组织方式上充分考虑国情。

首先，我们实施标志管理，使绿色食品的认定过程完全符合国际质量认证程序，注重企业的质量体系建设；其次，实施标志管理，使绿色食品的认证标准与国际准则一致，从而保证绿色食品与国际同类食品在衡量尺度上的一致性；再次，实施标志管理，使每个认证后的绿色食品都标着特有的标志进入市场，便于国际贸易。对于进口方的经销商和消费者而言，也许只要看到产品上贴有熟悉的认证标志，便买得安心、吃得放心。所以，认证标志几乎是产品跨国流通的特别护照。

（5）通过标志管理，体现绿色食品的效益。通过绿色食品标志管理，给企业带来了显而易见的效益。直接效益是使用标志的产品价格提升，间接效益是使用标志的产品销量增加。由于消费者接受了标志所证明的商品的品质和价值，使得使用绿色食品标志的产品价格提升，且易被消费者接受[10]。而保护生态环境这一无形的价值，消费者接受的程度，取决于标志在人们心目中的信任度。同样的道理，尽管绿色食品价格不变，但在目前假冒伪劣产品还较多的形势下，消费者购买带有绿色食品标志的产品，多了一份安全保障。因此，产品销售量增加，也间接地增加了企业效益。

（6）通过标志管理，保护消费者的利益。消费者对商品有一个消费选择的过程。绿色食品通过实施标志管理，使进入市场的产品都按一定规范使用绿色食品标志，并采取了相应的防伪技术措施，从而使消费者能够方便地选择购买，不至于因误购不符合标准的劣质产品上当受骗，导致身心受到损害，生命安全受到威胁。当然，标志的导购效果必须依赖于消费者对国家质量认证制度、证明商标注册制度的认识和理解。因此，对管理部门而言，一方面要认真把握绿色食品质量，另一方面要大力宣传绿色食品知识。

4.绿色食品标志管理的原则

（1）自愿参与原则。自愿参与，就是指一切从事与绿色食品工作有关的单位和人员，无论是生产企业还是检查机构，或者是监督检验部门，均需出于自愿的目的参与相应

10　张月.绿色食品品牌发展探讨[J].农产品质量与安全,2020(4):55-58.

的工作，而不是为了完成某方面的任务或在某种命令的驱使下行事。

（2）质量认证和商标管理相结合原则。绿色食品标志管理，包含着绿色食品产品的认证和认证后使用标志的管理两部分内容。在现代质量认证制度建立近一百年的时间内，各国认证组织已逐步完善和总结出一套详尽的质量认证体系，并以 ISO/IEC 守则的形式指导世界各国认证制度的建立。

（3）"公正、公平、公开"原则。所谓公正，就是要把绿色食品标志管理纳入法制管理的轨道，使其一切措施遵循社会主义法制要求，符合法律管理的规律和特点。其中包括以下两项：

①积极立法。在国家宪法和其他法律的基础上，通过法定的程序和手续，制定和颁布绿色食品管理法规、法则，以便使整个管理工作有法可依、有章可循。

②严格执法。在日常的质量认证工作中，对企业申请的任何审核、裁定工作，都不能以个人的主观意愿和好恶为准，必须严格执行绿色食品有关标准和规章规定。严格执法还包括对那些绿色食品企业在使用绿色食品标志过程中违反规定的行为以及非绿色食品企业冒用绿色食品标志的行为进行依法打击。

（4）以人为本原则。突出人的主动性和创造性，是以人为本原则的核心，也是现代管理科学的发展趋势。遵循以人为本原则，就是要求每个管理者必须从思想上明确人是生产力中最活跃的因素，是管理工作的支柱。人的主动性和创造性对整个生产力水平提高及现代科学技术发展所产生的深远影响，在经济学研究者们的人力资源理论和新经济增长理论中，得到了全面的揭示。第二次世界大战后西欧、日本等经济迅速崛起国家的经济发展实例，也为人本理论的正确性提供了有力的依据。因此，有人说，不同企业失败的原因虽然多种多样，但成功的基础是共同的，即管理有素，而在管理过程中，人的因素又是基础之基础。

（二）绿色食品标志商标使用企业的监督管理

1. 产品年度抽检

为保证绿色食品产品质量，加强对年度抽检工作的管理，提高年度抽检工作的科学性、公正性、权威性，根据《绿色食品年度抽检规范》要求，通过年度抽检，全面了解、掌握绿色食品的质量信息及各监测机构的工作状况；合理安排抽检任务，及时下达抽检计划及汇总、分析、报告抽检结果；准确处理抽检中暴露的问题；并通过这项工作起到对用标企业的监督、警示作用和对监测机构工作及认证检查工作的完善、改进作用。中心每年年初下达抽检计划，绿色食品委托定点产品监测机构派专人赴企业按规范随机抽样，并于每年 12 月底将检验报告与年度抽检总结报至中心。抽检合格者可以继续使用绿色食品标志。对于抽检不合格的企业，监测机构需立即通报中心，不得擅自通知企业重新送样检测。中心根据抽检结果做不同处理。

（1）对于倒闭、无故拒绝抽检或自行提出不再使用绿色食品标志商标的企业，中心取消该企业绿色食品标志商标使用权。

（2）因产品标签、感官指标或产品理化指标中的品质指标（如水分、脂肪、灰分、净含量等）不合格的企业，中心及时通知企业在三个月内整改。整改后，由监测机构对整改后产品再次抽检，抽检合格者可以继续使用绿色食品标志，否则中心取消该企业绿色食品标志商标使用权。

（3）因产品微生物指标或理化指标中的卫生指标（如药残、重金属、添加剂或黄曲霉毒素、亚硝酸盐等有害物质）不合格，中心取消该企业绿色食品标志商标使用权。对于取消绿色食品标志使用权的企业及产品，中心及时通报有关绿办，并在大众媒体公告。

（4）已被取消绿色食品标志使用权的企业，如需继续使用绿色食品标志使用权，则需在取消绿色食品标志使用权公告一年后重新申报，并由中心派人检查合格后方可获得绿色食品标志使用权。

2. 企业年度检查

为了加强绿色食品企业的监督管理，确保绿色食品产品质量，中心于 2000 年开展了绿色食品企业年度检查（以下简称"年检"）试点工作。年检结果以绿色食品证书上是否加盖年检合格章的形式体现。年检结果是判定绿色食品企业证书到期后是否有资格继续使用绿色食品标志商标的重要依据。该办法要求年检工作需在证书到期前一个月内完成。绿办应在作物生长期或产品生产期内对企业进行年检。所有使用绿色食品标志的企业必须接受年检。年检工作采用实地检查与发函检查相结合的方式。实地检查可由各级绿办执行，也可由各级绿办组织有关专家及其他相关企业的技术人员执行。

对蔬菜种植企业，畜、禽、淡水养殖企业和绿办掌握的其他食品质量安全风险较高的企业以及大型食品加工企业必须实地检查。对食品质量安全风险较小的野生产品、初级农产品（如玉米、大豆等）及单一成分加工产品的生产企业，可采用发函调查，企业自检方式。

年检工作主要内容有以下几方面。

（1）绿色食品种植、养殖基地及加工企业原料基地的产地环境是否发生变化，附近有无新增污染源。

（2）种植业企业或加工产品原料种植基地年检工作主要内容。

①农作物种植区域、面积及具体农户管理档案。该区域是否是申报时已在监测的区域。

②种植过程中病虫害情况及使用的肥料和农药的品种、用量、安全间隔期，有机肥用量、来源、无害化处理措施及采用的生物防治或其他农业措施，是否有原始记录或其他实据。

③企业与基地（农户）签订的收购合同及收购票据、收购数量。

④企业购入生产资料票据、销给农户的生产资料记录。

⑤企业监督、管理基地的办法及监督检查、培训等记录。

⑥贮运过程中防病、虫、鼠、潮等措施。

（3）畜、禽、水产等养殖企业年检工作主要内容。

①自有饲料、饲草等原料基地根据种植企业的年检工作进行检查，外购饲料、饲草检查购货合同、发票、数量等，核实是否是绿色食品原料、购买数量是否足够；

②饲料中添加剂种类、用量、来源，或配合饲料购买发票、用量，核实是否是绿色食品认定的推荐饲料及饲料添加剂类产品；

③养殖合同、饲养规模、实际产销量及档案记录；

④养殖中疫病发生及防治情况，用药品种、数量、来源及相应购入发票，田间驱虫、饲舍（鱼池）消毒方法、次数、使用药品名称、用量等档案记录；

⑤企业监督、管理、培训等计划及实施情况；

⑥贮运、保鲜、保存措施和方法。

（4）食品加工企业年检工作主要内容。

①自有农产品、畜禽产品、水产品基地根据种植企业和养殖业企业的年检工作进行检查。外购绿色食品原料检查购货合同、发票及实际数量等。

②原料购入、贮存、加工过程，以及包装、仓储、运输等环节卫生条件。原料及产品防病、虫、鼠害或防潮、防水等办法。

③厂区环境、生产车间布局是否合理。

④加工过程中使用添加剂种类、用量、来源。

⑤有无重大技术改造项目。

⑥生产过程监督管理、成品检验等具体措施、培训办法及记录等，是否通过国际标准化组织（ISO）质量管理体系、危害分析与关键控制点（HACCP）质量控制体系等认证。

⑦三废治理情况。

二、绿色食品产品认证

（一）产品质量认证的概念及特点

质量认证也叫合格评定，是国际上通行的管理产品质量的有效方法。按认证的对象，质量认证分为产品质量认证和质量体系认证两类；按认证的作用，可分为安全认证和合格认证。

产品质量认证是指依据产品标准和相应技术要求，经认证机构确认并通过颁发认证证书和认证标志来证明某一产品符合相应标准和相应技术要求的活动。就是说，产品质量认证的对象是特定产品，包括服务。认证的依据或者说获准认证的条件是产品（服务）质量要符合指定的标准要求，质量体系要满足指定质量保证标准要求，证明获准认证的方式是通过颁发产品认证证书和认证标志。其认证标志可用于获准认证的产品上。产品质量认证又有两种：一种是安全性产品认证，它通过法律、行政法规或规章规定强制执行认证；另一种是合格认证，它属自愿性认证，是否申请认证，由企业自行决定。

产品质量认证的特点概括如下：

（1）产品质量认证的对象是产品或服务。

（2）产品质量认证的依据是标准。

（3）认证机构属于第三方性质。

（4）质量认证的合格表示方式是颁发"认证证书"和"认证标志"，并予以注册登记。

（二）绿色食品认证是质量认证

绿色食品认证就是质量认证。实际上质量认证由来已久，它是市场经济的产物。由于质量认证是由独立于第一方（供应商）和第二方（采购商）之外的第三方中介机构，通过严格的检验和检查，为产品的符合要求出具权威证书的一种公正、科学的质量制度，符合市场经济的法则，能给贸易双方带来直接经济效益，所以很快被社会所接受。到 20 世纪 50 年代，基本上普及了所有工业发达国家。从 70 年代起，在发展中国家也得到推广。但是质量认证也带来了许多负面作用，即一些国家利用质量认证作为技术壁垒，阻碍他国商品流入本国，实行贸易保护。为了消除这种贸易技术壁垒，国际组织不断协调，推动质量认证的国际互认。所以，有人称质量认证是商品进入国际市场的通行证。按照一定规范，有序开展的质量认证活动，可减少重复检验和评审，降低成本，促进国际贸易。有些经济学家预言：20 世纪是生产率世纪，21 世纪将是质量世纪。世界上已有不少国家把发展高科技、高质量产品作为争夺国际市场的战略措施来实施。我们党和国家领导人一贯重视产品质量工作，先后对质量工作做了重要的指示和题词，要求把质量兴国作为国民经济发展战略来实施。质量认证是创名牌，弘扬企业文化、质量文化的基础。名牌是靠长期生产持续稳定的高质量产品积淀的。要达到这点，必须既有"硬件"基础，又有"软件"保证。企业应按照绿色食品有关标准建立质量管理和质量保证体系，并开展认证工作，就是完善"硬件"和"软件"的最好途径。只要每个环节都按质量体系进行生成、控制，就能保证产品质量的稳定提高，就能提高效益，如此企业才有发展。而名牌正是市场经济条件下，把高质量产品变成高效益产品最重要、最可靠的途径。反过来创名牌又成了完善质量体系，生产高质量产品最重要、最可靠的途径，二者相辅相成。企业经国家有关认证机构检查合格，被授予认证证书和产品认证标志，并予以公告，可以提高企业的知名度。企业获得认证证书和认证标志是企业文化、质量文化的重要表现。

绿色食品质量认证是一种将技术手段、法律手段有机结合起来的生产监督行为，是针对食品安全生产的特征而采取的一种管理手段。其对象是全部的安全食品和生产单元，目的是要为绿色食品的流通创造一个良好的市场环境，维护绿色食品的生产、流通和消费秩序。绿色食品质量认证的目的是保证其应有的安全性，保障消费者的身体健康和生命安全，同时以法律的形式向消费者保证绿色食品具备无污染、安全、优质、营养等品质，引导消费行为。同时也有利于推动各个系列的安全食品的产业化进程，有利于企业树立品牌意识，和国际标准接轨。

第八章　食品检测数据处理与实验室管理

第一节　食品检测数据审核

对于食品加工行业来说，食品检测是保障食品安全性的重中之重，为了进一步提升食品检测的合理性与科学性，需要对检测数据进行审核。基于笔者对食品检测数据审核内容的了解与分析，本节在此基础上提出了加强食品检测数据审核的措施，从而让食品检测过程的科学性得到充分提升，达到提升食品质量的目的。

当前已经应用了多种科学有效手段进行食品检测，但与之配套的数据审核措施发展较为缓慢，所以在当前和今后的食品检测过程中，各食品检测机构需要加强对该体系的建设，通过数据审核体系提升对食品建设数据的保管效率和效果，推动食品行业更好更快发展。

一、食品检测数据审核内容

食品检测涉及多种项目，数据审核过程中除了对实验室得到的数据进行分析和审核，工作内容还包括以下几个方面。①对检测数据进行存档。在食品检测机构中，为了能够通过食品检测发现食品加工行业中存在的问题，会以档案的方式对食品检测数据进行存储，数据审核过程中将对存储数据的完整性进行抽查，提升数据管理的有效性。②检测数据抽查。在一些食品检测机构中，将由专业人员对食品的检测数据进行技术性抽查，在保证检测数据精确性的基础上，也对食品检测机构进行了一定程度上的监督和管理，防止各类舞弊现象的发生。③检测数据对比。不同的食品，通常情况下在检测过程、安全等级方面都有较大区别，对于安全等级要求较高的食品，检测机构会让不同的检测小组对食品进行检测，在数据审核过程中，将对不同检测工作得到的数据进行研究与分析，找出检测工作中存在的疏漏，并更好地确定食品质量。

二、加强食品检测数据审核的措施

（一）提升食品检测的科学性

虽然数据审核能够在一定程度上提升食品检测的合理性与科学性，但是这种方式对食品检测过程的监管效果一般，提升食品检测质量的核心方法依旧为通过新型技术的应用提升食品检测的科学性。以高效液相色谱法在食品检测中的应用为例，这种方式能够几乎同时对各类可检测的物质进行精确检测，在很大程度上提升了食品的检测效率，同时提高了食品检测的准确性。而在该过程中，食品检测的数据审核部门除了要对各项检测数据进行审核，还需要能够深入参与到食品检测的过程中，以更好地对食品检测过程进行监督，从而对食品检测部门的工作人员实行有效监管，保证各项数据的合理性。

（二）完善数据审核相关规章制度

数据审核工作包括很多内容，对于食品检测过程来说，不但涉及各项检测数据的研究与调查，还包括数据录入和管理过程。所以在数据审核规章制度的建设过程中，规章制度中应包括以下几个方面。①工作人员行为限制。对工作人员的行为进行限制能够提升数据审核的有效性，并且让工作人员自主提升从业素质，所以规章制度中需要包括相应的行为限制和指导条款，让工作人员能够在规章制度的指导下进行工作。②工作流程指导。食品检测行业的数据审核过程，与其他行业存在一定区别，在规章制度的建设过程中，要通过工作流程制度建设的方式对数据审核工作人员的各项工作内容、工作流程进行指导，最终提升数据审核的科学性。③辅助制度的建设。为了让工作人员自发提升从业素质，规章制度中还需要包括奖惩措施等方面的辅助制度，让工作人员能够根据这类辅助制度对自身进行有效指导，达到提升数据审核效率和精确性的目的。

（三）加强对数据审核过程的监管

在食品检测的数据审核过程中，工作人员的道德素养和专业素养等都会对数据审核的精确性产生重大影响，故而在食品检测机构的运行过程中，机构需要建设对数据审核人员的监管制度，实现对工作人员的有效监管，提升数据审核的有效性与科学性。监管小组需要具备较高权限，让其深入数据审核工作的各个流程中，最终让监管小组充分发挥对数据审核过程的监督作用。另外，在监督小组的工作过程中，还需要对数据审核人员的从业素质进行深入调查，让食品检测机构能够对工作人员的从业素质有清醒认识。

（四）提升从业人员的专业素质

通过规章制度对从业人员的行为进行约束与指导，最终可让数据审核人员自发提升专业素质。此外，检测机构还需要通过以下措施达成目的。①招聘环节强化审查。在机构招聘过程中，不但要对应聘者的数据审核能力进行研究，还需要对应聘者的知识学习能力等方面进行分析，从根本上保证工作人员的素质。②在工作过程中对工作人员进行培训。对于食品检测数据审核来说，需要从业人员对食品检测过程有一定了解，所以机构需要向工作人员提供培训，让其能够将两部分知识进行深入融合。

食品检测数据审核涵盖内容更多，所以工作过程中，需要让审核人员能够深入到食品检测过程中，提升数据审核的科学性。另外，要提升数据审核的准确性，还可通过建设规章制度、加强数据审核过程监管和提升工作人员从业素质达成目的，促进食品检测行业更好更快发展。

第二节　食品检测数据准确性

本节指出了食品安全问题是关乎广大群众身体健康和生命安全的大事。近年来，各种食品安全事故频繁发生，引发了人们对于食品安全的关注，并对食品质量安全提出了越来越高的要求。为保证食品安全，应当加强食品检验，不断提高食品检测数据的准确性，进而保障检验结果正确无误。本节从制定统一的食品检验标准出发，就如何提高食品检测数据准确性进行了深入探讨，以期能够确保食品的质量和安全。

一、制定统一的食品检验标准

为能够有效提高食品检验数据准确性，必须制定先进统一的食品质量检验标准，这样才能确保食品检测过程、结果和报告严密而统一，防止检测机构出具的检测结果存在明显的差异化问题。为此，在食品检验标准制定过程中，应当吸收和借鉴发达国家的质量标准和经验做法，充分考虑国内实际，制定与中国特色相符的质量标准。所制定的食品检验质量标准，必须囊括所有的食品大类，将所有食品均细分至各食品大类。同时，对于有害物质，也应进行合理细分，比如说，可分为食品添加剂、工业添加剂、病虫害以及农药残留等。在此基础上，还应按照食品分类制定出统一的检验标准，并确保所有食品检验检测机构予以落实。

二、加强抽取样品控制

在进行抽样前，第一，制订合理的抽样工作方案，按照随机性原则进行抽样，保证所抽取样品的代表性。第二，保证样品在检验之前完好无损，既没有遭到污染，也没有发生变质现象。第三，确保抽样工具和样品盛装容器洁净，禁止使用有毒和有害物质，防止样品被带入其他杂质，如果是微生物检验，还应在检验前对相关工具或容器进行灭菌处理。第四，加强人员控制，在样品检验检测过程中，抽样人员不得参与其中，必须做到抽检分离。

三、选择恰当的检验方法

食品的检验方法主要有三种，分别为感官检验、微生物检验以及理化检验。实验室工作主要是根据相关产品和方法标准进行的，也有一些相关法律法规，都是实验室检验检测工作的重要资源。一方面，食品检验应以国家、行业以及地方等标准为主要依据，提高检验检测工作的规范性，保障检测数据的准确性。另一方面，及时更新相关的标准，依照新标准和新方法开展检测工作，部分检测方法以及标准存在多种方法，此时应当综合考虑实验环境、软硬件设施配置、人员技术条件等选择恰当的实验方法进行检测。但是很多检验方法和参照标准并没有及时得到有效更新，即便按照标准要求进行检测，也难以使检验结果满意，对于实验室来说，可以结合自身实际进行检验检测方法研发，这就需要对所用仪器设备、人员技术以及实验室环境加以确认，也可以针对所采用的方法进行适当比对与验证，以提高检验检测效果。

四、规范药品试剂与标准物质的管理

食品检验的准确性往往会受药品试剂的影响，如果药品试剂出现问题，就会导致整个检测工作全部报废，倘若其中含有剧毒性物质，加上使用和管理不善，所造成的后果将是极其严重的。因此，必须规范药品试剂管理，根据药品或试剂的特性以及保质期长短选择恰当的保存方式。实验室工作人员也应定期检查，及时更换过期或变质的药品试剂。如果药品试剂有保存温度的要求，还应将其放置于有冷藏功能的柜子里。

标准物质的管理也同样至关重要，主要用来校准设备、对测量方法以及给赋值的材料和物质进行评价。对于采购的标准物质，实验室必须进行验收把关。其一，保证采购的制造商资质达到要求；其二，检查标准物质包装是否存在破损情况，有无异常；其三，对产品证书标注的生产日期、保质期等信息进行仔细查看，看是否满足要求；其四，如若实验室条件允许，可对标准物质加以测量，看检测数据是否与给定值一致。

标准物质的管理必须由专人负责，并设置专门的标准物质存放区域，建立标准物质入库、领用和退还台账，如有特殊贮存要求，则应采取特殊措施。此外，应当建立期间核查程序，这也是《测试和校准实验室能力通用要求》明确要求的，应先制订期间核查计划，严格按照标准物质特性及用途开展期间核查工作，对于存在变色、破损或变质的标准物质，应当予以妥善处理。

五、强化仪器设备管理

仪器设备性能与状态的好坏不仅能够体现出实验室管理及工作人员素质水平，同时也是开展检验检测工作的重要条件。为了确保检测效果，实验室应当引进先进的检测仪器或相关设备，安排专人负责管理，并建立授权使用人管理制度，做好仪器设备的维护与保养工作，标出每台仪器或设备的适应状态，比如说准用、停用或可使用部分功能，在取得检测值后，还应按照检定或校准结果的修正值加以修正。对新购进安装的设备，应当在检定合格后才能正式投入使用，建立相应的设备档案，贴上标签后才能使用。另外，还应加强仪器设备的期间核查，如若发现存在较大偏移，应及时报修或送检。

六、提高检验检测人员素质水平

检验人员素质水平对食品检验检测数据准确性具有重要影响，其业务知识以及技能水平的高低都会影响检验数据的准确性，如果检验人员素质不过关，很容易导致检验结果出现巨大的人为偏差。作为一名合格的检验人员，除了要有扎实的业务素质外，还应对每个环节操作要点胸有成竹，在检验检测工作过程中，按照质量手册、作业指导书以及操作规程进行，杜绝经验和形式主义。检验人员不仅要掌握检验知识，还应对仪器设备使用比较熟悉，对自己接手的项目，必须认真负责到底。

实验室方面定期组织检验检测人员参加培训，掌握食品检测最新的知识前沿，提高检验人员的业务技能水平。同时，检验人员也应加强自学，充分利用闲暇时间学习和了解新的技术，使自己的业务水平迈上新台阶，对工作时间和工作布局进行合理安排。另外，还应加强检验人员政治理论与法律法规的学习，提高检验人员的职业道德素质，避免出具虚假的数据和报告。

七、注意检验检测环境条件把控

按照规定，实验室标准温度在 20℃ 左右，对于一般实验室，则应控制在 20 ~ 25℃ 的范围内，同时实验室湿度应当保持在 50% ~ 70% 左右，并采取防震、防尘和防腐蚀等防护举措。室内采光也应控制好，必须对检验工作有利，对于部分产品，还需要设立特殊实验室，比如说酒类或茶类感官品评等。要保持实验室整齐洁净，每日工作完成，应当及时清理干净，仪器设备使用完毕应当摆放整齐，并覆盖防尘布，电器设备使用后应及时切断电源。

此外，应当采取各项措施控制好环境的温湿度，并加强环境温湿度的监控与记录，一旦超过允许范围，应当采取有效调节措施，比如说打开空调调节实验室温度，打开除湿机加强湿度控制。另外，严禁在实验室内吸烟，未得到允许，非实验室人员禁止进入实验室。

八、做好检验数据的记录和处理

在读取和记录检验数据的有效数字时，应当确保所读取的数字有实际意义，并对最后一位数字进行准确估计。例如：在读取滴定管测定数据时，获得数据 17.82 mL，末位的数字"2"是估读的，数据位数应当根据仪器精度确定，数据位数也不能随意增加或减小，根本无法反映实际情况。再如，分析天平的数据应当记录到小数点后 4 位。倘若读数不足，可用"0"补齐。在对数据进行处理时，必须严格按照相关要求对多余数字进行修约处理，具体应当遵循 GB8170 规定的"进舍规则"。

为了有效提高数字处理效率，在进行加减运算时，应以数据位数最少的数据为基准，其他各数舍入要比该数多一位；在乘除运算时，各数据还是以数据位数最少的为标准，各数舍入应至少比标准数据多一个数字，小数点位置无须考虑。在数据运算过程中，要避免连续修约，要保证数据经修约后全部参与到运算过程中，这样才能保证数据最终结果和标准值一致。

随着人们对食品安全重视度的不断提升，食品监管力度也一直在明显增强，在这种情况下，人们对食品检验检测工作的要求更高更严了，这就需要加强食品检验，确保食品检验检测数据的准确性，以此来保障食品质量和安全。具体来说，应当制定先进统一的食品检验标准，加强样品控制、规范药品试剂以及标准物质的管理，选择恰当的食品检验方法，不断促进食品检验从业人员素质水平的提升，注意实验室环境条件控制，并做好检验数据的记录与处理工作，进而推动食品检验检测事业继续稳步向前发展。

第三节　食品检测实验室存在的问题

众所周知，"民以食为天，食以安为先"，食品安全是关系民生的重要问题。在现在的社会中，食品安全已然成为热点话题，人们在追求高质量生活水平的同时，对食品的安全越来越重视，对入口的食物要求越来越高。作为食品检测的重要场所的实验室，它的正常运行直接影响到了我国人民的身体健康和食品制造业的发展，对于我国的经济发展和人们是否幸福，起着关键性的作用。实验室的规范离不开具体的规章制度，但在现实中还是存在一些本可以避免的问题，如实验人员的培养和规范的问题、仪器保养和定期检查的问题等，接下来将对其进行详细介绍。

一、检测人员技术水平有待提高

检测工作人员是实验室操作的重要因素之一，工作人员的检测操作以及方法应用直接决定了待测样品的结果和精确度。所以对于实验室检测人员的规范和指导尤为重要，实验室检测人员应该熟悉与我国食品安全相关的法律法规，对实验室操作规范了然于心，理解检测的原理和方法，能够熟练并标准地操作实验仪器并对其进行清洗和检修工作，对检测结果以及实验数据能够进行正确的处理。现在对实验室检测人员的不足之处进行以下两个方面的阐述。

（一）检测人员实践操作能力不够

现有的实验室管理人员在进行招聘时，为了提高整个团队的专业素质水平，往往更加倾向于选择高学历人才，这种做法不仅加大了公司更多的资金投入，短时间内也无法保证实验操作结果的准确性。新入职的员工虽然具有高学历以及丰富的理论知识，但对于具体的检测操作缺乏实战经验，他们在工作的前期需要一定的时间，来重新学习仪器的操作原理和操作方法。而对于意外的发生，新入职的员工缺乏足够的经验和随机应变的能力。还有一些实验室对于原在岗的工作人员没有进行定期的培训，使得一些具有丰富经验的员工没有及时学习新的实验操作知识和了解新的法律法规，无法适应新形势下的实验室操作。

检测实验室的管理人员在对工作人员进行培训时，不仅要注意引进高学历高技术人才，也要注意对在岗工作人员进行培养和培训，保证整个实验室的专业水平，以此来保证整个实验结果的可靠性和精确度。

（二）检测人员对检测原理不够清楚

很多工作人员在新入职的时候只学到了如何使用仪器和如何进行实验操作，却对实验操作原理没有进行深入的了解和学习。反应原理和操作步骤的学习是实验室操作的重要前提，只有对原理进行了充分的了解，才能够最大限度保证实验结果的正确性，并且减少因为错误带来的损失。检测人员对于理论知识的欠缺，会带来很多的负面影响，首先在进行数据分析的时候只会套用公式，不懂得具体的原理方法；其次在出现异常的实验现象时，不知道出现的原因和解决方法，不懂得如何进行调整；甚至在实验仪器发生故障的时候，也没有足够的理论知识去进行及时维修。

实验室的管理人员在对新员工进行入职培训的时候，要注意实验原理的讲述，使员工清楚明白实验现象产生的原因，以及操作步骤的合理性，能够找到异样现象发生的原因并且可以进行妥善的处理。

二、操作环境的管理和维持

操作环境对实验结果的影响很大，比如实验室的温度、操作条件所要求的压力、实验仪器的规范使用，等等。这些因素的改变都会直接影响所测得的实验结果。接下来的内容主要从实验仪器和操作规范两方面进行简单的阐述。

（一）实验设备的维护和检修

要想保证实验结果的正确性，除了检测人员的正确操作，还有一个重要因素就是保证实验设备的精密度。在实验室中，为了保证实验结果的精准，实验室用的仪器很多都是灵敏度很高的仪器，这些仪器在使用的时候就需要格外注意，要小心谨慎地操作使用，避免玷污和损坏。尤其是一些光学仪器，在实验仪器使用完毕后，要放到特定的环境进行存放。除了仪器的小心使用和存放，还要对仪器进行定期的检修和维护，以此来提高仪器的使用寿命，保证仪器的精密度，进而保证实验结果的正确性和精确度，提高检测结果的可靠性。

（二）提高实验操作的规范性

实验操作是人为的实践活动，结果一定会存在一定的误差，而保证操作的规范性可以尽可能地减少实验的系统误差。系统误差包括仪器误差、理论误差、操作误差以及试剂误差。操作误差有很多产生原因，比如，在使用量筒量取液体体积的时候，要注意视线与液体的凹平面持水平状态，避免偏高或偏低。在选取样品的时候要遵守普遍性和代表性的原则，选取可靠的样品是进行实验的前提。只有在实验操作过程中每一个步骤都严谨规范，才能看到该有的实验现象，获得正确的实验数据，保证实验结果的正确性。

食品检测实验室是食品安全的最后一道防火线，只有保证检测结果的准确性才能进一步地保证食品的安全。食品的安全跟人们的身体健康密不可分，是人们获得幸福感的重要来源，对我国的食品安全也起着十分重要的作用。因此，保证食品检测实验室的操作规范，提高检测质量，是目前工作的重中之重。

第四节　食品检测实验室风险管理

如今，国家和社会群众对食品的质量与卫生安全问题越来越重视、越来越关注。食品检测实验室，必须严格落实自身的职责，保障好群众的饮食安全。为此，管理人员应当切实做好食品检测实验室的风险管理工作，防止食品检测过程当中出现任何的风险因素，保证食品检测结果的准确性。本节基于作者自身的实际工作经验与学习认识，主要就食品检测实验室的风险管理提出了部分探讨性建议，以期能为相关工作的实践提供参考。

食品检测实验室的主要任务是检测食品的质量与卫生，营造健康的社会饮食环境，保障群众的饮食安全。不过，在食品检测过程当中，可能会出现各种风险因素，影响到食品检测结果的准确性，这样的情况显然人们是不能够接受的，因此必须切实做好食品检测实验室的风险管理工作。

一、样品抽取与保存的风险管理

样品抽取与保存是食品检测实验室检测工作靠前的环节，其对于检测结果的准确性具有很大的影响，如果发生风险，便会直接导致后期的检测工作无效。为了做好样品抽取与保存的风险管理工作，检测人员首先要确保样品的抽取具有代表性、普遍性，不能在特殊的环境条件下取样，对样品的清洁也要保证采用合理的方法，不能破坏样品本身的性质，保证其原有的物理化学性质和微生物等特性，防止对其造成污染，给检测带来风险。取样完成之后，如果不需要立即进行其他工作，便需要科学地保存样品，不能因为环境因素导致样品变质。对样品制备来说，样品应维持均匀。部分食品检测需要对样品对应的物理形态加以改变，如固体样品于检测之前需要粉碎同时混合均匀；而液体样品则需要搅拌充分。同时，对于相同食物，若其检验项目不同也应选取相匹配的检测方式，从而确保检验结果符合食品实际。

二、检测仪器运维的风险管理

如今的食品检测实验室检测工作在很大程度上都依赖于各类的检测仪器，它们的功能越来越强、运行效率越来越高，同时结构也越来越精密，管理人员必须对其做好运维方面的风险管理，才能使其有效地投入食品检测中来，保证食品检测结果的准确性。例如，要针对各类不同的仪器，制定相应的维护周期，对于使用频率较高的仪器，维护周期要稍短，使用频率较低的仪器，则可以适当地延长维护周期。维护过程当中的各项规范也必须明确，日常性的维护，可以由实验室工作人员自行负责，涉及仪器内部结构的维护，则需要由专门的工作人员负责，保证维护的专业性，这样才能保证仪器的正常、高效、稳定运行，确保检测结果的准确性。此之外，管理人员还需要对仪器的使用进行管理，要求所有的工作人员严格按照规程操作仪器，引进新仪器的话，需要对仪器的操作人员进行专门的培训。并且还应当根据工作人员的各自责任范围，详细划分仪器的使用权限和责任范围，坚持谁使用谁负责。

三、检验药剂与耗材的风险管理

在实际的食品检测实验室检测工作当中，检验药剂与耗材对于检测结果的准确性同样具有很大的影响，对此人们也需要做好风险管理方面的工作，强化对检验药剂与耗材的控制。具体来说，从检验药剂与耗材的采购环节开始，就应当制定严格的规定，对其质量进行把控，优选供应商，不仅要考虑到成本问题，更要考虑到供应商的信誉问题和产品质量问题，把握好其二者之间的平衡。另外，还需要对新采购的检验药剂与耗材进行抽查，保证其能够真正符合食品检测工作需求，并做好对检验药剂与耗材的保管工作，防止其变质、损坏。

四、人员的风险管理

人员是影响食品检测实验室检测结果准确性的最大因素，所以对人员做好风险管理工作其实应当算是最为重要的。例如，应制定科学的人员管理制度，对检验人员相应操作实施严格规范以及监管，确保检验各项环节均契合检验需要。并以人员相应检验水准为导向实现针对强化，对在岗人员实施有效的培训，以新形势为导向有针对性地编制培训内容。其中应涵盖新设备对应的使用规范、检验流程的具体要求以及实验室相应制度规范等方面。并且，还要从实际的检验操作流程出发，制定、编写对应的操作指导与规范，突出不同检测项目操作的针对性。再者，在实际的食品检测过程当中，由于部分项目还含有一定的微生物检测指标与内容，所以管理人员还必须从更加科学、严谨、细致的角度出发，控制、防范好影响微生物检测的各类风险因素，全力保证检测结果的准确性。

为了落实责任、发挥使命，营造健康的社会饮食环境，保障群众的饮食安全，管理人员必须重视并切实做好食品检测实验室的风险管理工作，保证检测结果的准确性，从而为食品监管提供科学、有力的依据。

第五节　食品检测实验室质量控制管理

当前人们对生活质量有着很高的追求，其中食品安全作为直接影响人们生活质量的要素开始得到人们的普遍关注，相应的食品检验也被高度重视。食品检测实验室是进行食品检验的场所，实验室质量控制管理效果会直接影响到食品检验成效，进而直接影响到饮食安全。由此可见，只有做好食品检测实验室的质量控制管理，才能够更好地保障饮食安全，才能够在我国食品安全工作上获得良好的成绩，维护人们的生命健康以及生活质量。本节将重点就食品检测实验室质量控制管理措施进行探讨。

食品检测是维护食品安全的工作根本，要求获得的检测数据要安全可靠以及精准，这样才能够得到准确的检验结论，让人们可以吃到放心安全的食品。食品检测实验室是食品检测工作的主阵地，其检测质量和实验室的质量控制管理效果会直接影响到检验成效。这就要求食品检验实验室在实际运转的过程中提升业务质量，同时树立先进科学的质量控制与管理理念，完善质量控制和管理方法，尽可能地降低检测误差，提高检测结果的有效性，为我国食品安全的全面进步提供支持。

一、食品检测实验室质量控制管理的必要性

食品安全问题是影响广大人民群众生命健康的一项大事，但目前食品安全问题频发的情况让人们对食品安全的担忧逐步增多，对食品安全监管部门的质疑在不断增大。三鹿奶粉、三聚氰胺等事件给人们敲响了警钟，也让人们对食品安全的重视程度大大增强。而且伴随着国家经济发展水平的提升，人们对饮食要求逐步增多，尤其是关注吃得安全和健康。为了最大化地满足人们的食品要求，为我国食品安全事业的稳定发展做出贡献，必须加强对食品检测实验室的建设，同时在实验室的运转过程当中要做好质量控制管理，让食品行业可以步入稳定持续发展的新阶段，也让人民群众的生命健康得到有效保障。

二、食品检验实验室质量控制管理的方法

（一）构建仪器维护校准制度，优化布局安排

食品检验实验室的质量控制管理重点首先需要放在大型检测仪器上面，这些仪器能否在检验工作当中稳定安全地运转，能否具备极高的精准度，将会直接影响到检验结果。为了保证各项检验的有效运转，实验室要根据食品检验工作的实际要求构建完善的仪器维护校准制度，并对该制度进行全面贯彻落实。针对各项实验室的检验仪器，必须配备专门人员对其进行定期的维护和校准，记录维护校准的各项信息资料，并对这些资料进行保存和有效保管，以便为接下来的仪器使用和日后维护管理提供根据。通过对维护校准制度的落实，能够有效保障各项检验检测仪器在适宜环境条件之下完成检验工作，进而提升仪器的使用寿命，与此同时，还能够保证检验结果的准确度，维护检测质量。除此以外，还要对实验室的整体布局进行优化，这样做的目的是保证仪器在日常管理和工作运转当中的稳定性，消除其他因素的干扰。先要对实验室的通风换气、电路装置等条件进行客观分析，在此基础之上恰当放置各项实验仪器。实验仪器在日常保管当中较为脆弱，温度、湿度等环境变化都会影响到仪器使用，从而影响到检测效果。因此要考虑到实验室的条件，了解不同实验仪器的环境要求，避开不

利因素，维护实验仪器的正常使用。

（二）完善质量监督管理体系，保证检验结果

食品检测实验室的质量控制管理是一项关系食品安全的大事，而要保证质量控制和管理工作能够真正落到实处，尤为关键的是要建立一个系统性的质量监督管理体系，具体要做好以下几个方面的工作。第一，结合食品检测实验室质量监管工作的要求，设置专门的质量部门，并配备专门的工作人员，确保各项质量管理工作能够拥有完善的组织机构作为保障。这样各项质量管理事项都有专人负责，可以显著提高质量管理的效率和成效。第二，树立正确的管理理念，明确对质量监督管理工作的正确认识。食品检测实验室要想从根本上维护质量，做好内部的质量监督是关键，而且通过完善的质量监督能够及时有效地发现日常工作当中出现的突出问题，进而有效消除质量检验当中的隐患，以免得到不合格和不准确报告。在管理理念方面，尤其是要树立全过程的质量管理理念，也就是要做到事前预防、事中检验和事后监控。第三，在正确质量监管理念的支持下，制订完善的质量监督工作计划，并根据实验室各项检验工作的实践要求进行规划、调整，最终构建一个科学合理的质量监管体系，保证各项质量管控工作的规范化进行。

（三）建设实验室设施与环境，加强设备管理

食品检验实验室应该拥有十分严密的机构，配备完善化的实验设施，同时还要保证各项环境条件符合检验要求，这样才能够维护仪器设备的运转。第一，制定严格的食品检验规范，根据食品检验活动展开的要求配备相应的仪器设备和各项实验装置。实验室当中的基础设施和整体环境设置必须满足以下要求：其一，保证设施与环境可以和检验方法相适应。其二，保证设施与环境能够维护各项设备仪器的运转使用。其三，有效规避交叉污染因素，保证设施和环境设置能够让检验人员的健康不受伤害。具体可以将存在相互影响的相邻区域进行隔离管理。在采集各项仪器设备前，需要制订完善的采购计划，评估供应商的资质，并对各项仪器设备进行质量检验，检验全部合格之后，才能够在实验室当中使用。第二，做好各项仪器设备的管理工作，保证其有效运转。实验室要配备专门的人员，负责对这些仪器设备进行日常管理和特殊管理，但每次使用完仪器设备之后需要对其进行全面清洁，也要定期对这些仪器设备进行保养维护，及时发现设备运转当中的问题，以便对其进行有效修理，维护设备的使用功能。对于修理和维护保养的各项信息需要记录在册，并做好各项记录资料的保管，为今后工作的开展提供依据。

（四）加强相关人员教育培训，提高检验质量

食品检验实验室的质量控制与管理是一项复杂的工作事项，对检验人员以及质量控制管理人员都提出了较高的要求，而且他们的素质与能力将会直接影响到检验质量，

从而从整体上影响到我国的食品安全工作。为了保证各项工作顺利落到实处，食品检验实验室要对相关工作人员进行全方位的教育培训。针对食品检测工作人员，实验室需要将教育培训的重点放在培养他们的专业素质能力上，使得他们能够掌握多元化的食品检验方法与技巧。与此同时，还要关注食品检验人员职业道德素质的提升，要求每个检验人员都能够在工作当中树立责任意识，将保证检验质量作为工作核心，进而得到科学准确的检验结果，为检验质量的提升提供强有力的保障。针对质量控制管理人员，实验室需要把教育培训侧重点放在培养他们良好的质量控制能力和管理能力方面，使他们能够不断优化自身的管理意识，有效运用多样化的质量控制方法以及管理策略维护实验室工作的秩序，保证各项工作的开展质量。在教育培训工作结束后，还需要有针对性地对他们进行考核。

饮食安全是关系人们身体健康的大事，因此开始得到人们的普遍关注，相应的食品检验实验室逐步建立起来，并在食品安全检验方面发挥着重要作用。为了更好地推动食品市场的可持续性发展，食品检测实验室必须明确食品安全的要求，在实验室的质量控制和管理方面进行深层次的研究，构建完善的质量控制与管理体系，保证检测结果准确，从而为我国食品安全工作的全面实施提供重要根据。

第六节　食品检测中样品处理的注意事项

食品检测是食品的产出与营销过程中不可忽视的环节，其中最简洁的方法就是样品检测，因此样品自然显得尤为重要。为了保持检测处理结果的真实性，样品就要受到很好的保护，不能够有不当的污染以防在出检测结果的时候产生误差，导致结果失真。在这里，为了能跟业内人士以及各路学者共同研究共同进步，作者将会把自己的想法以及经验分享出来，主要包括取样品、如何保护样品不受污染、如果受到污染将对结果产生何等影响等方面。

一、当前样品处理对食品检测造成的影响

（一）样品处理程序不同造成的影响

样品是需要处理的，而处理是有程序的，按照标准规定的方法来处理，遵循该有的操作及步骤，倘若随着自己心意任意篡改操作步骤、操作流程，比如删除其中某项步骤，又或者将后者置于前者之上，这些行为都会使检测出的结果远远偏离真实结果。某些较为简单的样品处理起来也相对简单，复杂的样品自然更难于处理。样品或新鲜或干燥，或盐浸，或冷冻，状态各有不同。不论人工操作还是设备操作，都对样品检

测起着至关重要的作用，因为这两者都会影响检测结果，如果人为环节出现问题，检测结果将偏离，设备虽然比人要精确，不易出错，但是一旦出现问题，便会污染样品，也许会对结果造成更为严重的影响，导致检测结果更加偏离。由此可见，设备和人为都有着同等重要的作用，两者都做到精准，检测结果才能将误差降到最低。

（二）样品处理方法不同造成的影响

随着社会的不断进步，科学技术的日益精进，在食品检测方面也有着不凡的进步，刚刚兴起的检测技术也有很多种，并且逐步地在推广，随着人们的使用、改进，技术也趋于成熟，趋于精准。食品的不同自然导致处理方法的多样化，又由于当今食品的种类繁多，数不胜数，一旦某些小的环节上出现了失误，随之而来的便是与实际结果相偏离的数据。常用的样品处理方法有生物成像测量技术、革兰基因提取方法等。采取不同的检测方法，前期就要有不同的处理要求，多种多样的处理方式也就将呈现多种多样的内容。越是处理方法多样，在选择上越是要谨慎，合适的方法要用在合适的检测当中，样品内部结构的测量上，要采用什么样的技术，对营养素这一指标的测量上需要用到何种技术，只有对症下药，方能药到病除。

二、食品检测中样品处理的几个注意事项

（一）注意样品采集来源

样品的采取的是十分重要的一个步骤，选取得越具代表性，结果往往越真实有效。由此可见，采集过程就是一个技术活。说采集样品是个技术活，是因为它很复杂，采集的时候不仅要考虑到用什么方法采集，该在什么时候采集，用什么设备来采集它——这一切因素都将对其质量产生不可忽视的影响，而且在选用方法的时候，要保证不会对原来样本造成质的改变，比如结构变了，性质变了，这是不可以的。来源也要一致，这也是尤为重要的。采集之后，要把样品放在足够干净的器皿当中，不能出现细菌污染等不必要原因，导致样品发生变化，储存方式要选对。

（二）注意样品所处阶段

为了使检测能更有代表性，食品检测的过程采用的样品应该跟需求人处的一致，这是安全方面重要的一部分。但因为需要检测的样式比较多，检测所用的方式所需周期不短，产生了很大的成本，便造成了客户处样晶与采集时的有所区别。为了解决这个难题，可以采取以下两种方法，在该成品销售的时候采取样品，这种方式是最准确的，因为在销售的时候采取的样品更有代表性，人们所亲身食用的食品更能体现其安全状况。还有一种方式就是在它的生产阶段采样，该阶段并不具有代表性，所以不建议采用。

（三）注意样品所属食品类别

根据不同的食品类型，要采用不同的检测方式。不同的检测方式针对不同的类别才会有不同的检测结果。豆类、油炸类食物，不尽相同。在检测中要注意进行分门别类，这样才能提高检测效率，精准检测结果。在处理的时候也要注意一些技巧、技术的应用。活性好的样品，就用流通法。活性弱的呢，就要用到膜萃取了。

（四）注意样品检测项数目

检测工作是一门比较繁重的工作，检测的食品越多，种类越多，检测起来就越难，耗费时间也越长，工序也变得复杂，工序之上还要采取特定的方法进行处理。处理过程中以及采取样本的过程中还要考虑其内部构造，本质是怎样的等等一系列因素，这些因素都是影响考量结果的重要因素。

食品检测是一门学问，检测的方法不仅要准确还要系统。样品的重要性就不多说了，是灵魂所在。合适的样品出处，合适的取样阶段，以及适当的取样方法，既能保证结果的准确度，又能确保其有代表作用。

第九章 食品检测技术应用研究

第一节 流通环节食品快速检测技术应用

在流通过程中，食品数量庞大、类型繁杂，通过快速检测技术，能够提升食品的安全性。本节针对流通环节食品快速检测技术及其应用展开讨论，并提出合理化建议。

与既往工作有所不同，流通环节食品快速检测技术的应用，是社会发展的重要组成部分，其能够创造的经济效益、社会效益是非常显著的。如果在技术操作上存在些许的问题，肯定会影响到未来的进步，造成的损失也难以在短期内快速弥补。在流通环节应用食品快速检测技术的过程中，必须从长远的角度出发。

一、流通环节食品快速检测技术发展现状

快速检测技术的运用，是流通环节的重要组成部分，产生的影响是非常大的。流通环节食品快速检测技术的特点，主要表现在以下几个方面。第一，该项技术的类别多元，包括化学比色分析法、酶抑制技术、免疫分析技术、生物化学快速检测技术，以及纳米技术等。纳米技术在近几年发展速度较快，成为流通环节食品快速检测的重点研发对象，创造的效益较高。第二，食品快速检测技术的具体项目，非常详细，涵盖了农药残留的检测、兽药残留的检测、微生物及重金属的检测等，通过针对性检测，可明确食品本身是否安全，是否会对人体造成伤害。这样可以及时制止有毒、有害食品流入市场。

二、流通环节食品快速检测技术的应用对策

（一）加强技术制度的制定

食品快速检测技术的应用对流通环节的食品安全，将产生决定性影响。快速检测技术的运用，应保证制度的完善。第一，流通环节的食品检测，需明确不同类别的检测要点以及检测指标。例如，在饮品检测过程中，要对含糖量、各类营养及组成部分

做出测试分析，选用化学比色分析法，或者是生物化学快速检测技术来完成，了解到流通环节的食品是否能够达到预期的安全性。第二，针对所有食品的检测结果，均要做出详细记录，并留有备案。第三，在快速检测技术的实施过程中，观察食品在不同条件下的变化情况，如是否会释放出污染物质，是否会对人体造成严重伤害。

（二）加强技术试验

从主观角度来分析，流通环节食品快速检测技术的应用，的确对很多地方食品行业的发展，都能够做出卓越的贡献。可是考虑到在技术的实施过程中，存在理论与实践的差异性，如果我们在处理的过程中，未能够根据具体情况来进行，那么肯定会产生较大的隐患和漏洞。因此，加强流通环节食品快速检测技术的试验分析，是非常有必要的。例如，某一项流通环节食品快速检测技术实施之前，要观察技术体系是否健全，是否能够获得专业性的效果，如果出现了较大的隐患和不足，则必须提前进行改进，这样才能为将来的工作提供更多的保障。

（三）加强技术创新

与既往工作有所不同，在流通环节食品快速检测技术的研究和应用过程中，技术创新是非常重要的发展趋势，同时能够产生非常突出的影响力。在技术创新过程中，应充分考虑到具体工作的需求，这样才能保证结果的准确。例如，胶体金免疫层析法作为一种方便快速、成本低、应用范围广的分析检测办法，已在食品检测方面得到广泛应用。另外，研究人员还研发了生物传感器和电化学传感器相关产品。利用传感器技术快速检验产品，往往具有小巧、集成、成本低、灵敏度高、实用性强等优点，应用特种传感器的食品快速检测仪器在国内外都受到广泛关注，在重金属、细菌总数和大肠杆菌，以及一些具有特殊分子基团的有机物检测方面取得了较大的进展。

三、流通环节食品快速检测技术的发展趋向

我国在现代化的建设过程中，对于很多行业的进步都是非常关注的，为了促进食品行业进一步的发展，必须创新流通环节的食品快速检测技术。不能停留在传统的层面上，这样不仅无法达到预期工作效果，还会造成很大的缺失与漏洞。首先，在流通环节必须为食品快速检测技术融入自动化理念。在融合该理念的过程中，能够更好地弥补传统工作的不足，提升食品行业的工作效率，对未来工作的开展，能够奠定坚实的基础。其次，在流通环节食品快速检测技术的研发过程中，还需要对智能化的内容进行有效的融合，智能技术能够对流通环节食品快速检测技术的一些任务，做出更好的判定。

流通环节的食品快速检测技术研发工作，正迈向长远发展目标，各个层面上创造的价值非常显著。日后，应继续对流通环节食品快速检测技术保持高度关注，要从多

个层面上改善技术的不足，提升工作的可靠性、可行性。笔者相信在未来的工作中，流通环节食品快速检测技术能够创造出更高的价值。

第二节　食品安全分析检测中色谱质谱技术的应用

进入新时期后，人们生活质量不断提升，对食品安全问题日趋重视。特别是近些年来出现了很多食品安全事故，更是引发了全社会的充分关注。在食品安全分析检测中，色谱质谱技术因为具有一系列的优势，得到了较为广泛的运用。本节简要分析了食品安全分析检测中色谱质谱技术的应用，希望能够提供一些有价值的参考意见。

调查研究发现，目前主要有两种方法来进行食品的安全检测，一种为气相色谱法，其在固定相与流动相中间放置食品样品，因为气体具有较快的扩散速度，因此会很快实现平衡目的。但是在不断实践中，本种技术也逐渐出现了一系列的缺点，如不具备较强的定性能力等。针对这种情况，有关专家开始联合使用色谱法和质谱法。这样既可以将色谱法的优势延续下去，又能增强检测的定性能力。

一、色谱质谱技术在食品分析中的优势

实践研究表明，在食品安全检测分析中运用色谱质谱技术具有一系列的优势，其不仅具有较高的基础效率和较强的定性能力，还具有其他的一些优势。具体来讲，可以从这些方面来理解。首先，减少了食品安全检测的环节，样品收集、样品转移等环节可以忽略，降低了食品安全检测的操作复杂程度，且质谱分析的样品单一要求也可以得到有效满足。其次，联合使用色谱质谱技术，质量、三维、时间等方面的信息同时具备，具有较高的整体检测效率。最后，在技术应用实践中，还可以将先进的计算机技术运用过来，对整体操作流程有效优化，促使检测分析过程的自动化程度大大提升。

二、食品安全分析检测中色谱质谱技术的应用

（一）基础物质成分的分析

随着人民生活质量的提升，全社会普遍关注食品安全问题，虽然近些年来食品行业发展迅速，但是也有很大的风险存在。那么就需要积极应用和创新现代化色谱质谱技术，对基础物质成分进行科学准确地分析，以便促使食品安全得到保证。比如，在分析啤酒成分时，通过色谱质谱技术的联合使用，可以将其中的 40 种主要化合物给鉴定出来；再如，在检测淡水鱼肉时，通过色谱质谱技术的应用，能够快速有效地检测出来醇类物质和其他主要化合物，挥发性成分也可以得到有效鉴别。在实验中，鲫鱼

的 42 种成分可以被检测出来，草鱼的 30 种成分可以被检测出来，具有较高的效率。因此，食品检验分析中，色谱质谱技术具有较大的优势，能够深层次准确检测食品的各种成分，在未来将会得到更加广泛的应用。

（二）农药残留的检测分析

调查发现，目前我国蔬菜的农药使用量不断增大，农药喷洒次数越来越多，虽然对于农作物的快速成长具有较大意义，却让农药成分复杂程度大幅度提升，且很容易导致农药成分残留于蔬菜中。虽然检测过程中能够直接发现农药残留现象，却无法有效离析农药成分。在过去很长一段时期内，主要利用气相色谱检测法来检测农作物的农药残留情况。这种方法仅仅可以将单一的样品成分给检测出来，而对于复杂的农药成分却无能为力。针对这种情况，为了提升农药检测的针对性和有效性，就需要联合使用色谱质谱检测技术，实践研究表明，其能够对农产品当中的残留农药成分定性检测，且操作难度较小，适用范围较广，具有较高的整体回收率和较低的检验下限。在具体实践中，不需要净化操作提取液就能够定量分析，具有较高的整体检测效益。同时，采用色谱质谱联合技术，还可以综合检测果蔬农药残留情况，对农药成分中的有机物质、氨基甲酸质等准确分析，可以检测出 50 种以上的农药成分，且回收率在 80% 以上。相较于酶抑制法、酶联免疫法等其他的检测离析技术，色谱质谱技术具有较大的应用价值。

（三）牲畜药物残留分析

人们经济水平的提升，对肉类食品需求越来越大；但是调查发现，目前养殖户往往会将青霉素、四环岛素等药物喂给动物，这些药物会让抗病原子产生于动物的体内，进而避免疾病的出现，保证动物的正常生长。但是这些药物也很容易残留于动物体内，进而威胁到食品安全。比如，人们误食了少量的氯霉素类药物，就很可能导致特异性再生障碍性贫血的出现。且硝基咪唑类、硝基呋喃类等药物的致癌作用非常强，任何剂量的氨基比林，都会导致致死性粒细胞的出现。不同药物成分对人体具有不同的危害，那么就需要借助色谱质谱联合技术来检测肉类食品的药物残留问题。实践研究表明，色谱质谱技术能够有效检测出药物残留成分，保障肉类食品的安全。

此外，食品添加剂被广泛运用到食品加工过程中，虽然具有较好的保鲜效果，但是也有饮食风险出现。针对这种情况，就需要积极运用色谱质谱技术联合检测食品中的食品添加剂成分，保证食品中添加剂的危害程度不超过人体接受范围。

进入新时期后，我国食品行业发展迅速，但是也出现了较多的食品安全问题。针对这种情况，就需要积极运用色谱质谱技术来开展食品安全分析检测工作。实践研究表明，相较于其他的分析检测技术，色谱质谱技术具有较高的效率和较强的定性分析能力。在未来的发展中，色谱质谱技术将会进一步革新和成熟，进而得到更加广泛的应用。

第三节　红外光谱技术在食品检测中的应用

随着经济的发展，民众的生活水平得到了显著提升，食品安全问题已成为社会广泛关注的焦点。通过对食品进行安全检测，能够确保食品的安全。虽然红外光谱技术在食品检测中的应用刚刚起步，但已经取得了不俗的成绩。

老百姓常说，"民以食为天"，足可看出食品对于民众的重要性，但其中食品的安全性也占据着重要位置，与民众的身体健康直接挂钩，对社会的和谐发展等都起到了积极的推动作用。近些年，食品安全问题层出不穷，给人们的生活带了严重的影响。被曝光的食品不计其数，还有一些不被人所熟知的食品正在悄无声息地吞噬着我们的健康。我国在食品检测技术方面与先进国家还存在着不小的差距，因此找到一种安全可靠的检测方法已成为相关专家急需解决的问题。

一、红外光谱分析技术简介

在食品加工中，食品检测十分重要。传统的食品检测使用的方法为化学测定法，虽然操作简单，但会对环境造成一定的污染，而且需要一定的成本消耗，使其难以继续进行下去。面对这种情况，红外光谱技术逐步走进大众视野，因其具备简便、高效、环保等特性，其在食品检测中应用越来越广泛。

所谓红外光谱技术，就是通过分子与红外光相互作用，使分子发生振动，分子在吸收振动后的红外光后，会出现不同的振动模式。根据波长的不同，可将红外光谱分成三个区域，分别是：近红外区域，波长在 $0.75\,\mu m$ 至 $2.5\,\mu m$ 之间，波数在 $13334cm^{-1}$ 至 $4000cm^{-1}$ 之间；中红外区域，波长在 $2.5\,\mu m$ 至 $25\,\mu m$ 之间，波数在 $4000cm^{-1}$ 至 $400cm^{-1}$ 之间；远红外区域，波长在 $25\,\mu m$ 至 $1000\,\mu m$ 之间，波数在 $400cm^{-1}$ 至 $10cm^{-1}$ 之间。

二、红外光谱技术检测原理

通过红外光谱法对有机物进行检测，利用红外光谱仪发出红外光线，使其映射到被检测的物体表面，这样有机物就会将红外光进行吸收，进而生成红外光谱图。以此光谱图为基础，技术人员将其与吸收峰进行比对，确定化学基团。谱峰的数目、位置、化合物结构等与其状态有关，不同的状态所形成的谱峰也有所不同。所以根据官能团与红外光谱的联系，能够准确定位该有机物的化合物。

除此之外，利用红外光谱还能够进行定量分析，以郎伯 - 比尔理论为基础，红外光谱能够提供不同的波长，所以红外光谱能够对液体、固体等进行定量分析。

三、食品检测中红外光谱技术的运用

（一）定量检测

由于红外光谱技术具有高效、环保等特点，其在食品检测中得到了广泛应用。但单纯凭借红外光谱无法对样品进行百分百的检测，需要借助化学计量法对样品进行特征提取，建立科学的模型，最终实现良好的分析。

对食品中蕴含的反式脂肪酸含量进行测定，可先对其进行盐酸酸解处理，经过萃取后，利用红外光谱仪测量出反式脂肪酸的谱峰，谱峰面积与反式脂肪酸含量属于线性关系，能够提升测定效率，回收率能够到达 90% 以上，相对误差低于 2.3%。

但相同的测定内容，有人提出了不一样的方法。通过氯仿 - 甲醇法提取样品中的脂肪，利用甲醇 -BF_3 对其进行甲酯化，之后利用 Avatar370 傅立叶变换红外光谱测定反式脂肪酸，回收率能够到达 89% 以上，相对误差低于 1.9%。

（二）检测食品中有毒有害成分

在食品安全中，添加剂的问题一直受到人们的关注，特别是能够对人体健康造成影响的有害添加剂，要对其进行严格控制。

对奶粉中的防腐剂苯甲酸钠进行含量测定，可采取红外示差光谱定量分析。从溴化钾 - 苯甲酸钠红外谱图中分离出溴化钾 - 奶粉红外谱图，能够得到分析峰，波数通常在 1555cm^{-1} 左右。在此基础上，将浓度作为横坐标，将吸光度数值作为纵坐标，通过曲线可知，当浓度保持在 0 至 2.5mg/g 区间，吸光度和浓度呈线性关系，可使用标准曲线法进行分析。测得的回收率为 103.6%，RSD 值远小于 1.2。这样的检测方式更加便捷，并得到了许多专业人士的青睐。

（三）评定食品内部质量

利用红外技术，会提升数据监测的准确性，增加样品的检测效率。例如，苹果疾病中最常见的就是水心病，一般出现在果核处，属于一种生理上的失调症状，大多呈辐射形态。利用近红外光检测苹果的水心病，能够得到连续不断的光盘，可将水心病的病变情况清晰地展示在技术人员面前。

通过采取近红外分光法，能够对水果的病变原理、内部品质等情况进行检测。通过检测结果我们不难发现，红外分光法不但能够准确检测出水果的酸度与糖度，还能够将内在的缺陷完全检测出来。这种检测方法能够满足水果品质在线检测的需求，而且对水果的销售、种植等方面，都会产生积极的推动作用。

综上所述，目前红外光谱分析法将化学计量学技术、基础测试技术等优点集于一身，并在食品检测中得到了广泛应用。不仅如此，它在工业领域中也逐步显现出优势，随着对红外光谱研究的深入，其已成为高效的分析技术，未来也会有更加广泛的发展空间。随着我国科学技术的发展，食品安全检测技术必将会进一步提高，为人们的食品安全保驾护航。

第四节　绿色分析测试技术在食品检测中的应用

随着我国近些年对食品卫生安全问题认识的提高，食品安全卫生问题成为全体国民关注的焦点。同时，食品检测中的应用技术也在不断提高，而现今流行的绿色分析测试技术以其环保安全、无污染的特点逐渐在食品检测分析中得到广泛应用。这项技术主要利用的材料是铝塑的检测分析方法，这一种先进的检测技术能够从本质上消除食品污染问题的出现，也在一定程度上有效缓解了食品再加工过程中的二次污染问题。这一技术本着自身灵活多样、快速便捷和准确无误的化学检测分析测试方式取代了以往传统的检测手段。本节也对绿色分析测试技术在食品检测中的应用展开了深入探讨。

现如今，随着人们对食品卫生问题的高度重视，绿色分析测试技术在食品检验中起着不可替代的作用。这一分析测试采用的是国际化学分析的前沿技术，根据自身的绿色化学分析原理，从源头上消除污染，降低了食品检测对于外部环境和操作研究人员的伤害。这一技术所特有的安全性、精确性、简洁性和环保实用性的优点为食品检测应用技术指出了前进的方向。

一、技术简介

（一）绿色分析化学

绿色分析化学是绿色分析测试技术具体内容的展现，绿色分析化学以其独有的规范技术操作方式，创新的研究分析理念引起了全社会的高度重视。绿色分析化学以环境保护为主要手段，在操作技术和经济成本上设计出对人体无毒无害的化学检测方式。这一操作主要是通过将绿色安全等技术全部应用在化学分析手段上，把有害物质对环境造成的不良影响降到最低。样品处理和分析测试构成了绿色分析化学应用技术，从其准确性和便捷性分析，充分展现出铝塑分析技术的分析方法和技术的制高点，进而从根源上杜绝了食品污染的产生。

（二）绿色分析测试技术

采用绿色无污染的方法和相关技术方式构成了绿色分析测试技术，它对要测试的食品样本进行有效的检测，并进行严格的安全性的测试方式。它以零污染、高效性和先进性等特点减少了对环境和研究者伤害的威胁。

二、绿色分析测试的广泛应用

我国食品检测中被广泛应用的食品检测技术就是绿色分析测试，该项测试的操作规范准确性高，不伤害周边环境和研究操作人员的切身安全，从而受到了我国食品检验部门的一度好评。绿色分析测试技术在当前我国的食品检验中主要分为近红外光、X 射线荧光技术、顶空气相色谱技术、毛细管电泳技术和微流控芯片技术等。

（一）近红外光谱技术

近红外光谱技术只需通过配套检测仪器对多种样本进行多方面检测，而无须专家的技术指导，对各种食品形态都能进行无损伤的全方位的高效测试。近红外光谱技术还可以运用先进的化学计量公式对食品样本的质量好坏进行有效鉴定。这样就可以快速地了解食品是否具有掺假等安全问题，食品中是否含有农药化肥有害物质残留等。例如，常规测试奶粉样品这一项，我们通过对奶粉样本中的各项指标的达标性进行检测之后，对奶粉的安全质量问题进行了成功的有效控制。并采用全谱分析相结合的优化模型手段，创建出这一混合奶粉的各项指标的近红外模型。除了奶粉中常见的酸度，这一检测技术所建立混合奶粉的其他各项指标数据表明，近红外定标模型具有先进的实用性。

（二)X 射线荧光技术

X 射线荧光分析是在保持食物原有样本不变的前提下，对被测食品样本进行全方位及时有效地测试分析。质量不达标和违反《国家食品安全条例》的假冒伪劣食品太多了，相当多的食品的造假和高仿手段非常高，不仔细观察是根本察觉不出来的，还有的高档食品里掺杂了很多质量低劣的物质，这些做法严重违反食品卫生标准，给我国的原食品对外信誉度造成了一定严重影响，造成了全体民众对食品安全问题的恐慌。而 X 射线荧光分析技术的及时运用，只要对食品进行及时检测鉴别，就能够及时消除问题食品的出现，并针对不同原食品产地的差异导致的组成元素差异进行具体检测分析，发现问题积极处理，从根本上维护我国食品市场的有序进行。

（三）顶空气相色谱分析技术

顶空气相色谱分析技术对于那些具有特殊气味、组成成分比较复杂的食品的检测，其准确性和针对性非常广泛，在这类食品的安全检测中起着独一无二的先进性作用。例如，它在测定有特殊气味的烟酒糖茶、中西药物以及一些特殊制剂等的整个过程有着非常重要的应用和参考价值。顶空气相色谱分析技术还广泛用于固体、液体两种状态的低沸点化合物制剂的检测，效果也是非常好的。顶空气相色谱分析技术主要运用气体进行检测，不必破坏原有物质的容积构造，如此的技术手段也大大地消除了其他因素产生的干扰现象，现今这一项操作技术方式被广泛应用在各个行业领域。而且现今大多数国家还把这一项技术定为食品测定环节的主要方法，进一步创新和调整了这一技术，为顶空气相色谱分析技术的广泛应用奠定了良好的基础。

（四）毛细管电泳技术

毛细管电泳技术以自身灵活的辨别率、较少的成本、快捷的检测速度以及可以同时检测出多种样本等优点，被广泛应用在食品和液体饮品中的检测中。该项技术可以在较短的时间内准确检测出多种食品样本的复杂构造。例如，在食品的基本物质检测中采用毛血管电泳的方式可以准确测试出各种矿物元素、微量元素等准确值，可以对液态饮品等所含有的元素与营养成分进行有效分析。采用毛血管电泳的技术还可以有效分解食物中的营养元素，对食品中有危害的防腐剂添加剂等成分进行严格的筛查和检测。

（五）微流控芯片技术

微流控芯片技术对于问题食品中常见的食品添加剂、有害重金属、化肥农药残留、杀虫剂药物残留和一些进口的转基因食品等方面能够有针对性准确检测、科学分析。微流控芯片技术在对过期食物中多种细菌超标问题的检测上，进一步研究出多种致病菌的类别和微生物菌的测试方法。微流控芯片技术能人体由于缺乏营养和营养过剩所引发的疾病问题，给予科学合理的解释。

随着我国近些年食品安全问题的不断出现，人们对每天赖以生存的食品卫生问题引起了高度重视。它不但关系着广大人民群众的身体和财产的安全，还关系着社会的和谐安定和人民群众的安居乐业。对于食品组成成分的有效分析、检测与质量标准需要采取高超的技术手段来加以解决，绿色分析测试技术在食品检测中的广泛应用不仅取代了以往食品检测技术，也从根本上消除了问题食品的产生和危害。当前本着降低污染和零污染为主要发展理念的绿色分析测试技术，是对人类食品安全问题检测的最大贡献，也是我国未来食品检测的发展走向。在倡导保护环境的同时，更要保护人们的身心健康不受到污染，营造一个良好的社会环境，进而为食品安全做出有效保障。

第五节　免疫检测技术在食品检验中的应用

食品安全是事关人民群众日常生活的重要问题。食品免疫检测手段的强化和免疫技术的创新，是应对食品安全问题的有效措施。本节主要从免疫检测技术的应用范围入手，对这一技术在食品检验中的应用问题进行了探究。

免疫检测技术是建立在抗原抗体的特异性识别技术和相关的结合反应基础上的一种检疫技术。凝集反应、沉淀反应、补体参与反应和抗原抗体反应等检测方法是食品检验工作中经常应用的检验方法。食品安全问题的出现，让人们对食品安全的关注程度得到了一定的提升。免疫检测技术的应用，可以为食品安全提供一定的保障。

一、免疫检测技术的应用范围分析

（一）药物残留检测

抗生素药物检测与农药残余检测是免疫检测技术在食品药物残留检测领域的主要应用方向。从抗生素药物的检测工作来看，酶联免疫法可以对牛奶中可能存在的卡那霉素、庆大霉素和新霉素进行检测，也可对水果蔬菜中的杀虫剂、除草剂和杀菌剂的含量进行检测。蜂蜜和动物内脏等食品的四环素含量可以利用竞争性酶联免疫技术进行检测。

（二）有害微生物检测

在食品的储藏和运输过程中，有害微生物会对食品的安全性带来严重的威胁。人们在食用了这些被微生物污染的食品以后也会出现一些健康问题。免疫检测技术的应用，可以对食品中的有害微生物进行快速检测。酶联免疫分析法也可以对食品中的有害微生物进行有效检测。

（三）真菌毒素检测

食品中的真菌毒素是真菌次级代谢作用的产物。毒性大、污染性强是这种毒素的主要特点。黄曲霉素是毒性和致癌性最大的一种真菌毒素。它是霉变的花生食物中的一种常见毒素。酶联免疫分析法的应用，可以被看作是对真菌毒素进行检测的有效方式。

（四）转基因食品检测

随着转基因技术的不断发展，转基因食品问题也为人们所关注。目前食品领域并没有对转基因食品的好坏与否进行确定。酶联免疫分析法是对转基因蛋白质进行间接检测的有效手段。PCR（聚合酶链式反应）检测法可以在对转基因食品进行直接检测的过程中发挥作用。

二、免疫检测技术的应用分析

（一）酶联免疫检测技术

酶联免疫检测技术主要由酶联免疫测定技术和酶联免疫组化技术两部分组成。它对酶反应的敏感性和抗原抗体的特异性进行了有效结合。检测成本低、检测效率高和较强的特异性是这一技术的主要优势。它可以在对食品的完整性进行保障的基础上，对检测物质进行定量分析。

（二）单克隆抗体检测技术

单克隆抗体检测技术也是食品微生物检测领域所常用的技术。它与细胞培养技术和融合技术作用下产生的具有抗原特异性的单一克隆抗体之间存在着一定的联系。这一技术的优势主要表现在以下几个方面：一是重复性和特异性相对较强；二是试验的交叉反应发生率相对较低。这一技术的应用，可以为农产品的食用安全性提供一定的保障。

（三）荧光免疫检测技术

在食品检验领域，荧光免疫检测技术主要由以下几种技术组成：一是荧光偏振免疫测定方法；二是底物标记荧光测定方法；三是基于荧光淬灭免疫的测定方法；四是荧光增强免疫测定方法。从荧光偏振免疫测定方法的应用情况来看，在激发光为偏振光的情况下，分子的运动状态成为偏振荧光的主要影响因素。反应液中存在的一些游离的标记物在体积过小、转动速度过快的情况下只能产生一些普通的荧光。在标记物与抗体结合以后，激发光会成为偏振荧光。底物标记荧光测定方法对食品内酶的催化作用进行了应用。在这一技术应用以后，一些自身无荧光的酶的底物就成为待测食品的主要标记物。在与之相对应的酶产生催化反应以后，酶底物就转化为一种特定的荧光物质。在基于荧光淬灭免疫的测定方法应用以后，荧光会在荧光标记物与对应抗体相结合以后出现淬灭现象。

（四）其他免疫技术

脂质体免疫检测技术和克隆酶给予体免疫测定技术也是食品检验领域常用的技术。前者对磷脂双分子层的固有特点进行了运用，它可以对食品中待测物的含量进行精确测定。后者可以在对 DNA 获得的蛋白质片段进行重组的基础上，对待测物的含量进行确定。

三、免疫检测技术的应用前景

从我国的经济发展现状来看，食品安全问题已经成为我国目前亟须解决的问题。在免疫检测技术不断创新的基础上，有关部门可以借助前沿化的免疫检测技术，对传统检测方法中存在的处理过程烦琐、操作要求过高等问题进行解决。从这一技术的发展现状来看，水溶液中分子印记识别技术仍然相对薄弱，在印记成分未得到充分处理的情况下，食品免疫检测的检测结果会出现一定的误差。误差问题的出现，会对食品检测结果的精确性带来不利的影响。从多组分免疫分析系统的现状来看，在试验进行过程中，检验人员需要对不同的标记物进行综合考虑，这就会对多组分检测的灵敏度带来不利影响。食品安全领域涉及的检测技术和监测内容相对较多，免疫检测技术检测范围的拓展，成为对这一技术的适用度进行提升的有效措施。

　　食品检验中应用的免疫检测技术涉及了酶联免疫检测技术、单克隆抗体检测技术和荧光免疫检测技术等多种技术。在食品种类和食品来源不断丰富的情况下，食品安全质量检测工作可以让食品的质量保障机制得到强化。免疫检测技术检测范围的拓展，会使免疫检测技术的重要性得到不断的提升。

参考文献

[1] 李笑蕾，张军．浅析药品微生物限度检查与食品微生物检验的借鉴 [J]. 中国药品标准，2021，22（1）：56-60.

[2] 马志明．探究食品卫生理化检验的质量控制 [J]. 中国卫生产业，2017，14（35）：144-145.

[3] 施文礼．食品检验检测的质量控制及细节问题分析 [J]. 现代食品，2020，14（03）：178-179，184.

[4] 李曰昌，周伟杰．基于生物检测技术在食品检验中应用分析 [J]. 现代食品，2020，13（03）：172-173，177.

[5] 赵继超．食品检验检测的质量控制及细节问题研究 [J]. 商品与质量，2020，29（36）：182.

[6] 邓磊．食品检验检测中的质量控制及问题探究 [J]. 科技创新导报，2020，17（3）：234，236.

[7] 唐桂新．测量不确定度在食品检验检测中的应用探究 [J]. 中国新技术新产品，2020，10（03）：50-51.

[8] 焦庆东，朱士军，焦宇博．山东省食品检测资源调查及质量控制结果分析 [J]. 质量安全与检验检测，2020，30（04）：103-105.

[9] 黄秋婷，尹玮璐，宋安华，等．基于 HACCP 和 6S 管理方法的食品检验检测机构质量控制研究 [J]. 食品安全质量检测学报，2020，11（11）：3678-3682.

[10] 客家杨．食品理化检验分析中的质量控制分析 [J]. 粮食流通技术，2019，8（16）：48-50.

[11] 杜晓宇．食品检验检测的质量控制探讨 [J]. 中国卫生产业，2017，14（35）：146-147.

[12] 戴福文，何韵．化学检测实验室质量控制方法探讨 [J]. 中国检验检测，2019，27（2）：50-55.

[13] 叶福财．食品检验检测的质量控制及细节问题分析 [J]. 商讯，2019，88（12）：151-152.

[14] 赵军．食品检验检测的质量控制及细节问题分析 [J]. 食品安全导刊，2019，99

（11）：198-199.

[15] 陈创辉 . 食品检验结果的影响因素及提高检验结果准确性的措施 [J]. 食品安全导刊，2018，99（18）：198-199.

[16] 李淑娴 . 食品检验检测的质量控制及细节问题分析 [J]. 食品安全导刊，2018，99（18）：198-199.

[17] 赵明 . 质量控制在食品检验机构实验室管理中的应用 [J]. 食品安全导刊，2017，99（27）：188-189.

[18] 解庆先，王燕玲 . 糕点糖果检验技术 [M]. 北京：中国计量出版社，1993：33-35.

[19] 万萍 . 食品微生物基础与实验技术 [M]. 北京：科学出版社，2004：55-57.

[20] 邓磊，董婷 . 浅议食品微生物检验的质量控制 [J]. 中国调味品，2017，42（04）：178-180.

[21] 杨邦忠 . 浅谈食品检验结果及质量管理 [J]. 中国新技术新产品，2011，9（01）：241.

[22] 周薇 . 试论食品检验结果的质量控制 [J]. 技术与市场，2016，21（02）：158.